Oladeji Olaore

Politexting: Utilizar a tecnologia móvel para ligar os que não estão ligados

Oladeji Olaore

Politexting: Utilizar a tecnologia móvel para ligar os que não estão ligados

ScienciaScripts

Cover image: www.ingimage.com

This book is a translation from the original published under ISBN 978-3-659-81663-5.

Publisher:
Sciencia Scripts
is a trademark of
Dodo Books Indian Ocean Ltd. and OmniScriptum S.R.L publishing group

120 High Road, East Finchley, London, N2 9ED, United Kingdom
Str. Armeneasca 28/1, office 1, Chisinau MD-2012, Republic of Moldova, Europe
Printed at: see last page
ISBN: 978-620-8-18107-9

ÍNDICE

Resumo

O objetivo deste estudo é criar e desenvolver um conjunto de estratégias de comunicação que ajudem os representantes eleitos na Nigéria a comunicar eficazmente com os seus eleitores. As Tecnologias de Informação e Comunicação (TIC) mudaram a face do mundo e o seu impacto manifesta-se em todas as facetas das nossas vidas. A introdução das TIC no processo democrático e a utilização das novas tecnologias pelos legisladores e instituições legislativas não é exceção; o acesso à informação é crucial para a participação efectiva dos cidadãos no processo democrático. A mudança nas inovações tecnológicas oferece aos representantes eleitos uma margem considerável para melhorar a atividade legislativa, especialmente o potencial para melhorar a comunicação e o fluxo de informação entre os representantes e os seus eleitores.

Escolhi uma abordagem interpretativa para examinar as experiências comunicativas dos legisladores na Nigéria e utilizei dois métodos: entrevistas aprofundadas e observações diretas para investigar o fenómeno. O estudo revelou que as tecnologias móveis se tornaram uma ferramenta de comunicação política omnipresente e potente para os representantes eleitos na Nigéria, com destaque para a utilização de mensagens de texto, um fenómeno que descrevi como Politexting (SMS) - a utilização de mensagens de texto na comunicação política. A análise do estudo conduziu ao desenvolvimento de um novo modelo de comunicação denominado: Modelo de comunicação Politexting para as relações representante-constituinte. O estudo concluiu que três caraterísticas são fundamentais no modelo teórico do Politexting: conveniência, eficácia e acessibilidade.

Agradecimentos

Em primeiro lugar, dou glória e honra a Deus Todo-Poderoso pela Sua graça sobre a minha vida e pela Sua intervenção e orientação divinas ao longo deste processo.

Gostaria de expressar o meu mais profundo agradecimento ao meu orientador, Dr. Rex L. Crawley, pelo seu apoio e aconselhamento inabaláveis desde o início até à conclusão deste trabalho. As suas sugestões e comentários críticos impulsionaram-me a cumprir as expectativas do programa e a alcançar a satisfação pessoal com o resultado deste estudo. Gostaria também de agradecer aos membros do meu comité, Dr. Fred G. Kohun e Dr. Daniel R. Rota, pela sua orientação inspiradora e feedbacks. O seu interesse e empenho no projeto são muito apreciados.

Gostaria de estender os meus agradecimentos especiais aos membros e ao pessoal da Assembleia Nacional da Nigéria, em Abuja, pela sua disponibilidade para participar no meu projeto de campo e para apoiar este empreendimento. Desejo que as minhas investigações neste domínio aprofundem a cultura da democracia na Nigéria.

Por último, os meus agradecimentos à minha mulher e às minhas filhas (os meus anjos - Tofunmi, Tomisin e Tobiloba), sem cujo apoio e compreensão os meus esforços não teriam sido concretizados. Agradeço e reconheço os sacrifícios que fizeram para que isto acontecesse. Para a minha mulher, o vosso amor e compreensão contínuos são muito apreciados. Obrigado a todos pela vossa perseverança e apoio.

Dedicação

Ao meu falecido pai, Paul Olaore, e à minha mãe, Mary Olaore, que dedicaram as suas vidas a garantir que eu tivesse uma educação de qualidade. Obrigado pelo vosso amor e sacrifícios.

Capítulo 1
Introdução

As tecnologias da informação e da comunicação (TIC) mudaram a face do mundo. O impacto das tecnologias da informação manifesta-se em todas as facetas das nossas vidas. [st]As novas tecnologias têm vindo a gerar transformações e inovações nas empresas, no governo e na sociedade no virar do século XXI. A introdução das TIC no processo democrático e a utilização das novas tecnologias pelos legisladores não é exceção; o acesso à informação é crucial para a participação efectiva dos cidadãos no processo democrático. Em qualquer sociedade democrática, o facto de estar informado, combinado com a capacidade dos cidadãos de participarem livremente no processo político, são necessidades e direitos (Mulder, 1999). Kakadadse, Kakadadse, & Kouszmin, (2003) argumentam que o potencial democrático é a capacidade dos cidadãos de participarem efetivamente e com conhecimento de causa em processos socialmente constitutivos.

O bom funcionamento de qualquer governo democrático depende de fluxos de informação eficientes e multidireccionais. Os cidadãos precisam de informação antes de poderem fazer escolhas sensatas relativamente a quem os irá representar (Coleman, Taylor, & Van De Donk, 1999). Na mesma linha, os representantes eleitos precisam de informações de cidadãos e grupos individuais sobre as questões de importância local ou nacional que se espera que acompanhem em nome do povo. Coleman et al. (1999) afirmam que o fluxo bidirecional de informação é mutuamente benéfico tanto para os representantes como para o público. Os representantes eleitos precisam do feedback dos cidadãos para poderem representar bem o público e, ao mesmo tempo, terem uma forte perspetiva de serem reeleitos. A comunicação efectiva entre os representantes e os seus eleitores é também importante para a sustentabilidade e a responsabilização do processo democrático. Os cidadãos precisam de informações dos seus representantes e sobre eles, para que os funcionários eleitos possam ser avaliados e responsabilizados com base no seu desempenho e para garantir que as instituições representativas sejam transparentes nas suas actividades (Coleman et al., 1999).

Este estudo de campo foi realizado com o objetivo de examinar as ferramentas das tecnologias da informação e da comunicação (TIC) utilizadas pelos deputados eleitos na Nigéria para comunicar com os seus eleitores. A minha experiência como consultor para o reforço legislativo da Assembleia Nacional da Nigéria, em particular da Câmara dos Representantes, de 1999 a 2006, e os desafios observáveis enfrentados pelos deputados eleitos na Nigéria na comunicação com os seus eleitores influenciaram a minha escolha do fenómeno para o estudo de campo. Durante o período em que prestei serviços de consultoria à Câmara dos Representantes, interessei-me pelas relações entre representantes e constituintes e pela dinâmica dessa relação. No centro desta relação está a comunicação, especificamente, o meu interesse está nas ferramentas ou canais de comunicação que estão a ser utilizados pelos deputados para comunicar com os seus eleitores.

Uma das condições prévias cruciais para qualquer sistema de governo democrático eficaz e bem sucedido é a participação dos cidadãos no processo político. Os valores gémeos da liberdade e da igualdade de acesso ao processo e às instituições democráticas são fundamentais para a participação (Lyons & Lyons, 1999). Numa sociedade democrática, existem três ramos do governo: o legislativo, o executivo e o judicial. Na Nigéria, o poder executivo é chefiado pelo Presidente e Comandante-em-Chefe das Forças Armadas; o poder judicial é chefiado pelo Presidente do Supremo Tribunal da Federação; e o poder legislativo, que inclui o Senado e a Câmara dos Representantes, é chefiado pelo Presidente do Senado.

Balkan (2008) observa que os órgãos legislativos são o mecanismo institucional através do qual as sociedades concretizam a governação representativa no dia a dia. Ele explica que a legislatura é a arena institucional na qual interesses concorrentes se articulam e procuram fazer avançar vários objectivos no processo de elaboração de políticas. Embora o Presidente, num sistema presidencial democrático, represente o povo, não tem um círculo eleitoral específico; pelo contrário, todo o país representa o seu círculo eleitoral.

Por outro lado, uma das principais funções de qualquer órgão legislativo é a representação. Os deputados de um parlamento ou de uma legislatura são os representantes do povo. Enquanto representantes, são responsáveis por estabelecer uma ligação entre si e os seus eleitores. Esta ligação permitirá um diálogo bidirecional e a troca de pensamentos e ideias entre os representantes e as pessoas que representam. A governação democrática é, portanto, reforçada quando os cidadãos têm a vontade e a capacidade de se envolverem significativamente no processo de decisão política através de uma comunicação mais fácil e mais frequente com os seus representantes eleitos (Fitch & Goldschmidt, 2005; Coleman, Taylor, & Van De Donk, 1999; e Lyons & Lyons, 1999).

Além disso, uma comunicação eficaz entre os representantes e os seus eleitores contribui para evitar a desconexão entre os eleitores e os representantes. Uma das funções importantes dos legisladores é articular os pontos de vista dos seus eleitores e servir de elo de ligação entre o governo e os cidadãos. A própria noção de democracia representativa pressupõe que a participação do público no processo de tomada de decisões melhora a qualidade da tomada de decisões" (Conferência Nacional, 1997, p. 2). Kurtz argumenta ainda que uma comunicação eficaz entre legisladores e eleitores e entre a instituição e o público em geral pode ajudar a construir tradições e instituições democráticas. Por conseguinte, colocar a tónica na função de ligação dos representantes educa tanto os cidadãos como os legisladores sobre os seus papéis numa democracia representativa.

No seu relatório sobre Online Town Hall Meetings Exploring Democracy in the 21st Century, a Congressional Management Foundation (2009) recomenda que, para "permitir que os membros do Congresso equilibrem os contributos dos constituintes e os seus próprios juízos políticos e comuniquem e obtenham apoio eficaz para as suas decisões políticas, devem utilizar o chamado modelo de feedback madisoniano ou "republicano"" (p. 3). Lazer et al (2009) explicaram que um modelo Madisoniano é um ciclo de deliberação que permite aos cidadãos formular e comunicar cooperativamente os seus interesses aos seus Senadores e Representantes. Os legisladores, por sua vez, debatem e elaboram legislação para promover esses interesses e, em seguida, persuadem os eleitores das suas acções, a fim de gerar apoio popular para as mesmas, repetindo-se este processo num ciclo de feedback.

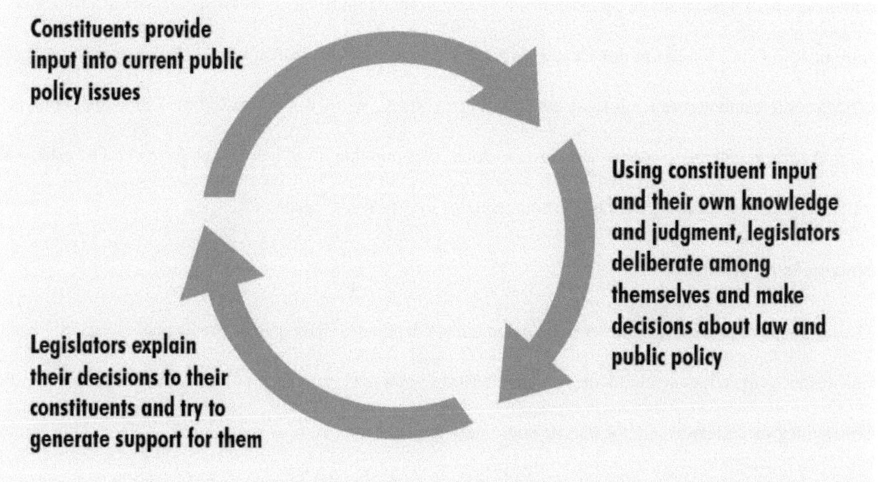

Figura 1.1 *O ciclo de feedback madisoniano copiado do relatório do CMF sobre as reuniões municipais em*

linha

O ciclo madisoniano sublinha a importância de uma comunicação eficaz entre os legisladores e os seus eleitores, o que pode ser conseguido através de uma vasta gama de métodos de comunicação, tais como reuniões presenciais, reuniões de câmara, correio eletrónico, telefonemas, cartas, boletins informativos, redes sociais e outros.

A mudança nas inovações tecnológicas oferece aos representantes eleitos uma margem de manobra considerável para melhorar a gestão das actividades legislativas e da informação; mas de maior interesse é o potencial para melhorar a comunicação e os fluxos de informação entre os representantes e os seus constituintes (Williamson, 2009). Segundo Williamson (2009), com as tecnologias de comunicação de 2010, as notícias de vinte e quatro horas, a Internet e as telecomunicações móveis, as distâncias diminuíram e as nossas expectativas de imediatismo, contacto e intimidade mudaram. O diálogo regular e o feedback mantêm os cidadãos e os funcionários eleitos em contacto. O valor desses compromissos, combinado com as novas tecnologias, tem a capacidade de alargar o âmbito do diálogo político e funciona como um processo educativo que coloca as questões no centro das atenções do público e permite a sua definição (London 1994, citado por Kakabadse, Kakadadse & Kouzmin 2003). Coleman et al. (1999) defendem que quanto mais fortes e claros forem os fluxos de informação entre os cidadãos e os seus representantes, bem como entre o poder legislativo e o executivo, melhor será a saúde do sistema democrático. Nesta nova era da informação, as tecnologias da informação e da comunicação (TIC) foram um dos elementos anunciados como capazes de ajudar os legisladores e os órgãos legislativos a restabelecerem a ligação com o público (Lusoli, Ward, & Gibson, 2006). Tendo em conta o seu poder transformador nas empresas e noutros sectores, é importante investigar de que forma as TIC estão a ser utilizadas pelos deputados eleitos no desempenho das suas funções legislativas.

Declaração do problema

Balkan (2008) afirma que a representação exige que os deputados defendam as preocupações específicas dos seus respectivos círculos eleitorais, o que constitui uma das principais funções dos legisladores. Por conseguinte, os deputados eleitos têm de comunicar regularmente com os seus eleitores. No entanto, muitas vezes, existem desconexões, falhas de comunicação ou ausência total de comunicação entre os representantes e os seus eleitores. Num estudo sobre a reaproximação do parlamento britânico ao público, Lusoli, Ward, &

Gibson, (2006) observaram que se tornou cada vez mais comum falar de uma crise na representação parlamentar como resultado de um fosso crescente entre o parlamento, os seus membros e o público britânico. Estudos (Coleman & Spiller, 2003; Lazer, Neblo, Esterling, & Goldschmidt 2009; e Lusoli, Ward, & Gibson 2006) indicaram que a relação entre os deputados eleitos e os seus eleitores, que é o alicerce fundamental da democracia representativa, está sob pressão. Alguns dos factores responsáveis pelo fosso entre os representantes eleitos e os seus eleitores incluem, entre outros, a falta de compreensão do funcionamento do poder legislativo, a falta de acesso e de comunicação com os representantes e a falta de confiança do público nas instituições legislativas.

Na mesma linha, parece haver desilusão e desapontamento com o desempenho dos funcionários eleitos na Nigéria. Os cidadãos sentem-se frustrados e desiludidos com o desempenho dos funcionários públicos devido à falta de acesso e de comunicação com os seus representantes eleitos (Afrobarómetro, 2005). Uma percentagem limitada de nigerianos (32%) aprova o desempenho dos seus representantes na Assembleia Nacional. Os inquéritos de opinião pública reflectem esta desilusão e frustração com a democracia emergente do país e os seus representantes. "É mais provável que os nigerianos discutam os seus problemas com uma figura religiosa, um governante tradicional, alguém da sua associação de desenvolvimento local ou um notável da comunidade, do que com qualquer líder eleito ou funcionário público" (Afrobarómetro, 2005, p. 16). Isto reflecte a falta de confiança do público nos funcionários eleitos.

Na sua avaliação do desempenho e da legitimidade na nova democracia da Nigéria, o relatório do Afrobarómetro (2006) sobre Desempenho e Legitimidade na Nova Democracia da Nigéria observa que a maioria dos nigerianos desaprova o desempenho dos seus líderes eleitos por considerar que estes não colheram os "dividendos" da democracia. O relatório do Afrobarómetro (2006) afirma que "os eleitores são mais críticos em relação aos funcionários que observam de perto, embora o representante da Assembleia Nacional obtenha consistentemente as avaliações mais baixas" (p. 6). Além disso, o resumo dos indicadores do Afrobarómetro sobre as atitudes populares em relação à democracia na Nigéria entre 2000 e 2008 indica que houve uma queda acentuada na satisfação dos cidadãos com a democracia, que passou de 84% em 2000 para 32% em 2008. Embora vários outros factores sejam responsáveis pela queda acentuada da satisfação com a democracia na Nigéria, o que mais se destaca é o facto de o desempenho dos representantes eleitos continuar a merecer uma classificação consistentemente mais baixa entre os cidadãos. Por exemplo, Anyanwu (2007) observa que a falta de apreço pela consulta dos seus eleitores se reflecte nas posições impopulares assumidas por alguns deputados em questões fundamentais, como o debate sobre o alargamento do limite do mandato do Presidente da Nigéria para tentar a reeleição para um terceiro mandato. Afirma que, durante o debate sobre o prolongamento do mandato do Presidente, alguns deputados tomaram certas posições que eram contrárias à posição dos seus eleitores e que, para esses deputados, o momento das eleições era o momento da vingança, tal como se reflecte nos resultados das eleições gerais de 2007, em que mais de 70% dos deputados perderam os seus lugares na Câmara dos Representantes.

Além disso, a maioria dos cidadãos nigerianos não tem confiança nas instituições democráticas devido a expectativas e aspirações não satisfeitas. Esta situação resultou num desencanto e desconfiança graduais do público em relação aos funcionários públicos, nomeadamente aos membros da Câmara dos Representantes (AR). Esta situação pode ser atribuída à falta de acesso e de comunicação com os representantes; à falta de compreensão do funcionamento do poder legislativo; à falta de programas de sensibilização do eleitorado por parte dos representantes eleitos ou a uma combinação de vários factores. Lyons e Lyons (1999) argumentam que a história do fracasso do governo democrático em África está diretamente relacionada com a incapacidade da democracia parlamentar africana para gerar apoio popular duradouro ou assentimento entre os seus cidadãos. Como resultado, o Parlamento é visto por muitos cidadãos como estranho, incompreensível e distante do povo. O problema que está a ser estudado neste estudo de campo diz respeito à comunicação entre os representantes eleitos e os cidadãos. Existem diferentes canais para facilitar a comunicação entre representantes e cidadãos, incluindo as ferramentas TIC, mas estas ferramentas podem não estar disponíveis para os representantes ou, se estiverem disponíveis, muitas vezes não estão a ser utilizadas eficazmente.

Objetivo do estudo

O objetivo deste estudo é criar e desenvolver um conjunto de estratégias de comunicação que ajudem os membros da Câmara dos Representantes (AR) na Nigéria a comunicar eficazmente com os seus eleitores. O objetivo do estudo é investigar o impacto das Tecnologias de Informação e Comunicação (TIC) nos esforços dos representantes para comunicar com os seus eleitores e chegar até eles. Para o efeito, serão identificados e avaliados os diferentes tipos de ferramentas TIC utilizadas pelos membros da Câmara dos Representantes para comunicar com os seus eleitores. É importante reconhecer o facto de que o desenvolvimento de uma estratégia de comunicação para uma comunicação eficaz entre representantes e eleitores é um documento autónomo, mas espera-se que este estudo de campo produza um guia prático que ajude os representantes eleitos a melhorar a comunicação com os seus eleitores.

Importância do estudo

A utilização das tecnologias da informação e da comunicação pelos deputados na comunicação com os seus eleitores é um fenómeno crescente. Estudos efectuados por (Coleman, Taylor, & Van De Donk, 1999; Leston-Bandeira, 2007; Lyons & Lyons, 1999; Mulder, 1999; e Williamson, 2009), documentaram o impacto das tecnologias da informação na comunicação entre os representantes eleitos e os cidadãos na Europa e nos Estados Unidos. Apesar do facto de existirem estudos significativos sobre a utilização das TIC pelos órgãos legislativos e pelos legisladores, poucos estudos se centraram na utilização e no impacto das tecnologias da informação e da comunicação nos países africanos, incluindo a Nigéria. O presente estudo vem colmatar parte dessa lacuna e contribuir para o acervo de conhecimentos nesta matéria.

O recente crescimento do acesso e da utilização da Internet e do telefone na Nigéria também torna o fenómeno digno de estudo. O sector da Internet na Nigéria tem sido prejudicado pelo subdesenvolvimento do país e pela falta de fiabilidade das infra-estruturas. No entanto, esta situação está a mudar à medida que a concorrência se intensifica e que são introduzidas novas tecnologias para fornecer acesso de banda larga sem fios. A rápida transformação do panorama das telecomunicações na Nigéria coincidiu com a transição do país para a democracia, quando o governo democraticamente eleito do Presidente Olusegun Obasanjo licenciou as três primeiras redes do Sistema Global de Comunicações Móveis (GSM) em 2001 e uma quarta em 2002 para fornecer serviços de telefonia móvel. Desde então, o crescimento do sector das telecomunicações na Nigéria tem sido exponencial.

De acordo com o relatório Internet World Stats 2009, o sector das telecomunicações do país continua a ser um dos mercados de mais rápido crescimento em África, com taxas de crescimento de três dígitos todos os anos desde 2001. Ultrapassou o Egito e Marrocos em 2004 para se tornar o segundo maior mercado móvel de África, a seguir à África do Sul, mas só atingiu cerca de um quarto do seu potencial de mercado estimado. Este facto foi também apoiado pelo relatório de 2009 da União Internacional das Telecomunicações (UIT), que afirma que África continua a ter a taxa de crescimento mais elevada dos telemóveis (32% em 2006/2007) e que a penetração dos telemóveis aumentou de apenas uma em cada 50 pessoas no início deste século para mais de um quarto da população atual (http://www.itu.int/ITU- D/ict/publications/idi/2009/material/IDI2009 w5.pdf). No entanto, o crescimento crescente verificado no serviço de telefonia móvel ainda não teve impacto na utilização da Internet na Nigéria. Em junho de 2009, a utilização da Internet na Nigéria (o país mais populoso de África) era de 11 milhões ou 7,4% de uma população de 149 milhões. Apesar disso, a Nigéria continua a ter o segundo maior número de utilizadores da Internet em África, a seguir ao Egito, seguido de Marrocos, África do Sul, Sudão, Argélia, Quénia e Tunísia, Uganda e Zimbabué.

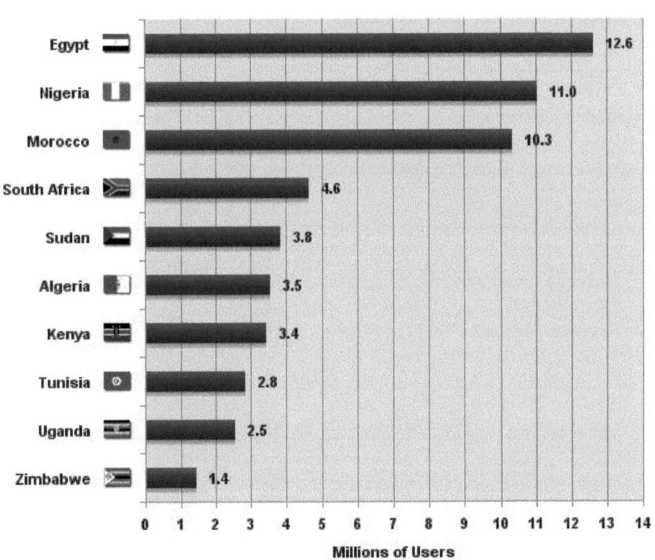

Figura 2.1 Os 10 principais países da Internet em África junho de 2009

Do que precede, é evidente o crescimento contínuo do sector das telecomunicações na Nigéria nos últimos oito anos. Além disso, pela primeira vez desde a sua independência em 1960, o país assistiu a um governo democrático ininterrupto durante onze anos, de 1999 a 2010. Por conseguinte, é imperativo examinar a utilização das TIC pelos representantes eleitos no exercício das suas funções legislativas, com especial destaque para as comunicações entre representantes e eleitores.

Definição de termos-chave

Neste estudo de campo, são utilizados certos termos e terminologias que são peculiares ao fenómeno estudado, pelo que é necessário definir e clarificar os seus significados tal como são utilizados no estudo para evitar qualquer confusão ou contradição. Para efeitos do presente estudo, *as Tecnologias da Informação e da Comunicação* (TIC) serão definidas como qualquer forma de instrumentos ou dispositivos de comunicação que facilitem a comunicação entre os deputados e os seus eleitores. As ferramentas de comunicação não se limitam às tecnologias de comunicação baseadas na Web, como o correio eletrónico, o sítio Web, o fórum de discussão e as ferramentas de redes sociais, como o livro de rosto, o Twitter, os blogues e outras ferramentas de comunicação social. As ferramentas de comunicação neste contexto incluem, entre outras, a utilização da televisão, rádio, jornais, telemóveis, boletins informativos, cartas/correio normal, reuniões municipais e quaisquer outras formas de ferramentas de comunicação utilizadas pelos membros da AR para comunicar com os eleitores. *Os eleitores* serão definidos como os cidadãos que residem no distrito ou círculo eleitoral de um legislador. É importante notar que o termo "eleitor" significa muito mais do que cidadãos comuns para um legislador. Os constituintes incluem também grupos de interesses especiais, empresas, sindicatos e organizações não governamentais (Kurtz, 1997).

A participação dos cidadãos é a capacidade de estes receberem informações e comunicarem com os representantes eleitos sobre questões de "importância local e nacional que se espera que acompanhem" (Coleman, Taylor & Van De Donk, 1999, p. 365).

A estratégia de comunicação é o plano de comunicação implementado pelos representantes para comunicar com os seus eleitores.

As tácticas de comunicação referem-se às acções empreendidas e aos sistemas utilizados pelos representantes para comunicar com os eleitores.

O conceito de "Constituency Outreach" refere-se a diferentes técnicas e programas de comunicação utilizados pelos representantes para comunicar com e/ou chegar a vários constituintes, a fim de promover o diálogo e a participação dos cidadãos.

Por último, os termos *"Parlamento"* e *"Legislatura"* são utilizados indistintamente no presente estudo. Do mesmo modo, os termos *"Legisladores", "Membros do Parlamento", "Parlamentares", "Deputados"* e *"Representantes"* são os nomes comuns pelos quais os representantes eleitos são conhecidos em diferentes partes do mundo. Neste estudo, todos estes termos se referem aos representantes e são utilizados indistintamente ao longo do estudo. **Abordagem da investigação**

Trata-se de um estudo exploratório em que se procuram significados para experiências e situações individuais vividas, sendo a abordagem principal a investigação fenomenológica. A fenomenologia é uma das perspectivas filosóficas no desenvolvimento de estudos qualitativos. O estudo fenomenológico tem origem no trabalho do filósofo alemão Edmund Husserl (1859-1938). Husserl defendia que a ciência precisava de pôr de lado os preconceitos e descrever de perto a forma como os fenómenos apareciam à consciência humana, sem impor as suas próprias teorias aos tópicos em estudo, numa tentativa impulsiva de construir explicações (King & Horrocks, 2010).

Além disso, King & Horrocks, (2010) afirmam que, no centro da abordagem do estudo fenomenológico de Husserl, está a noção de que o investigador deve reconhecer e pôr de lado os preconceitos pessoais sobre o fenómeno que está a ser estudado e tentar percebê-lo de novo. Ao fazê-lo, "seríamos capazes de descrever a essência de qualquer fenómeno particular, despojados dos preconceitos culturais e pessoais através dos quais normalmente o vemos" (p. 175). Van Manen (1990) descreve a investigação fenomenológica como o estudo da essência. Van Manen (1990) argumenta que a fenomenologia é uma tentativa sistemática de descobrir e descrever as estruturas e os significados internos das experiências vividas.

Por conseguinte, ao efetuar um estudo fenomenológico, é importante garantir que o problema a estudar se adequa a esta abordagem. Creswell (2007) sublinha o facto de que o tipo de problema que melhor se adequa ao estudo fenomenológico é aquele em que é essencial compreender as experiências comuns ou partilhadas de vários indivíduos sobre o fenómeno em investigação. De acordo com esta explicação, o meu estudo esforçar-se-á por captar a essência das experiências comunicativas dos deputados eleitos na Nigéria.

As questões de investigação

Ao realizar este estudo, enquadrei a minha questão de investigação global da seguinte forma

1. Quais são as ferramentas das Tecnologias de Informação e Comunicação (TIC) ao dispor dos deputados da Câmara dos Representantes (AR) na Nigéria para comunicarem com os seus eleitores?

Para além da questão principal de investigação acima referida, foram formuladas quatro outras questões de investigação para explorar melhor o fenómeno. São elas:

2. Quais são as ferramentas TIC que estão a ser utilizadas para comunicar com os eleitores e qual é o impacto dessas ferramentas na comunicação entre os representantes e os seus eleitores?

3. Quais são as estratégias e tácticas de comunicação utilizadas pelos membros da AR para comunicar com os constituintes?

4. Os representantes que utilizam estas ferramentas de comunicação têm mais ou menos probabilidades de visitar o seu círculo eleitoral?

5. Quais são os obstáculos/desafios enfrentados pelos membros dos RH que utilizam as ferramentas de comunicação para comunicar com os seus constituintes e como podem ser ultrapassados?

Quadro de investigação

A utilização das tecnologias da informação e da comunicação pelos legisladores para comunicar com os seus eleitores pode ser enquadrada na teoria do modelo de aceitação da tecnologia (TAM) ou na perspetiva da difusão das inovações de Rogers (1983). Rogers explica que a adoção de uma nova ideia é muitas vezes difícil, mesmo quando essa ideia tem vantagens óbvias. Rogers (1983) afirmou que um fator importante para a adoção de uma inovação é a sua compatibilidade com os valores, crenças e experiências passadas do indivíduo no sistema social. Do mesmo modo, o modelo TAM sugere que, quando é apresentada aos utilizadores uma nova tecnologia, há uma série de factores que influenciam a sua decisão sobre como e quando a irão utilizar. Estes factores incluem, entre outros, a perceção de utilidade, a facilidade de utilização, a cultura e a acessibilidade (Davis, Bagozzi, & Warshaw, 1989). Taylor & Todd (1995) afirmam que "o Modelo de Aceitação da Tecnologia (TAM) surgiu como uma forma poderosa e parcimoniosa de representar os antecedentes da utilização do sistema através de crenças sobre dois factores: a facilidade de utilização percebida e a utilidade percebida de um sistema de informação" (p. 145).

Neste estudo, vou alargar este modelo para me centrar na acessibilidade e no desenvolvimento de infra-estruturas necessárias como espinha dorsal para apoiar o desenvolvimento tecnológico. A falta de infra-estruturas adequadas tem sido o flagelo do desenvolvimento dos países africanos, o que tem afetado todas as facetas do desenvolvimento no continente, incluindo a económica, a política, a social e a educacional. De acordo com Ezekwesili (2009), o crescimento económico e a redução da pobreza em África estão intimamente ligados à qualidade das suas infra-estruturas - energia, sistemas de transporte, abastecimento de água e saneamento, e as suas redes de TIC. O duplo problema do acesso e do apoio infraestrutural pode desempenhar um papel significativo na determinação dos tipos de ferramentas de comunicação utilizadas pelos representantes eleitos.

A Assembleia Nacional da Nigéria

A legislatura federal da Nigéria, também conhecida como Assembleia Nacional, tem sido um produto e uma vítima da engenharia política dos sucessivos governos militares que governaram o país desde que este se tornou independente do domínio colonial britânico em 1960 (Anyanwu, 2007). Desde os anos pré-independência e imediatamente após a independência, a legislatura nigeriana começou com uma legislatura bicameral, segundo o modelo do sistema parlamentar britânico de governo. O Parlamento da Primeira República sobreviveu apenas três anos antes de ser dissolvido pelo primeiro golpe militar em 1966. Em 1979, durante a Segunda República, a Assembleia Nacional da Nigéria transformou-se num Congresso de tipo americano, com um sistema de governo presidencial. A Assembleia Nacional da Nigéria é um órgão legislativo bicameral, constituído pelo Senado e pela Câmara dos Representantes, que representa 36 Estados e o Território da Capital Federal (FCT), Abuja. A Assembleia Nacional é composta por 109 senadores (3 senadores de cada estado e um da FCT) e 360 deputados da Câmara dos Representantes, eleitos com base numa circunscrição geográfica federal delineada, incluindo o Território da Capital Federal, Abuja.

Pela primeira vez desde que a Nigéria se tornou independente, em 1960, do domínio colonial britânico, a Assembleia Nacional aguentou três sessões completas de 12 anos (tem quatro anos por sessão) e conseguiu mais de uma década de actividades legislativas ininterruptas de 1999-2003, 2003-2007 e 2007 até 2011, com mais uma ronda de eleições presidenciais e legislativas agendadas para abril de 2011. A história e o desenvolvimento da legislatura nigeriana têm sido repletos de interrupções, deslocações, restabelecimentos e reformas. Anyanwu (2007) argumenta que o historial da Assembleia Nacional, marcado por várias intervenções militares, deixou a instituição sem tradições, práticas e procedimentos legislativos fortes e profundamente enraizados. No entanto, com a nova prática democrática duradoura desde 1999, existe um historial que permite avaliar o desempenho da instituição legislativa na Nigéria.

Os participantes no estudo são os deputados e o pessoal da Câmara dos Representantes. Tal como afirmei anteriormente nesta secção, há 360 deputados eleitos para a Câmara dos Representantes (AR). Cada deputado representa um círculo eleitoral federal dos 36 estados da Nigéria, incluindo o Território da Capital Federal, Abuja. Cada representante é eleito para um mandato de quatro anos, sem limite de mandatos. Isto significa que os deputados podem candidatar-se à reeleição tantas vezes quantas as possíveis. No entanto, tem-se registado uma elevada rotatividade na Câmara dos Representantes e no Senado. Por exemplo, dos 360 membros da Câmara dos Representantes em 1999, 270, ou seja, 75%, perderam os seus lugares durante as eleições gerais de 2003. Também nas eleições gerais de 2007, a Câmara dos Representantes registou uma rotação de 71% dos seus membros (Anyanwu, 2007).

A Nigéria é uma democracia multipartidária com mais de 30 partidos políticos registados. No entanto, apenas cinco partidos políticos estão atualmente representados na Câmara dos Representantes. Aquando da inauguração da Assembleia Nacional, em junho de 2007, após as eleições gerais, a distribuição dos 360 lugares dos círculos eleitorais federais na Câmara dos Representantes foi a seguinte Partido Democrático Popular - 261 lugares (72,5%), Partido Popular de Toda a Nigéria - 62 lugares (17,22%), Partido do Congresso de Ação - 33 lugares (0,83%) e Partido Trabalhista - 1 lugar (0,28%) (National Assembly Statistical Information, 2008). Desde 1999, o estatuto dos deputados nigerianos tem vindo a aumentar, o que fez subir a parada para a posição de legislador, que se tornou muito competitiva, atraindo assim indivíduos proeminentes da sociedade.

A estrutura do estudo

Este estudo de campo é composto por cinco capítulos. O primeiro capítulo é a introdução e apresenta a informação de base sobre a utilização das tecnologias da informação e da comunicação pelos deputados eleitos. Descreve também a finalidade do estudo, os seus objectivos, o seu significado e a perspetiva filosófica que o orienta. O primeiro capítulo apresenta igualmente uma breve panorâmica do ambiente de investigação e da abordagem metodológica do estudo. O Capítulo Dois apresenta uma revisão da literatura atual sobre o fenómeno. Neste capítulo, examinei estudos anteriores realizados para investigar a utilização de ferramentas TIC para resolver problemas de comunicação entre os deputados eleitos e os seus eleitores.

No capítulo três, exponho a minha abordagem de investigação e descrevo em pormenor a abordagem interpretativa utilizada neste estudo. Este capítulo explica os meus métodos de recolha de dados, os instrumentos utilizados para recolher os meus dados e o procedimento de investigação. O capítulo quatro apresenta a análise dos temas e categorias essenciais das experiências comunicativas dos participantes, tal como foram captadas durante as entrevistas aprofundadas presenciais.

O capítulo cinco centra-se no desenvolvimento de um guia prático recomendado para uma comunicação eficaz entre representantes e eleitores, com base no que aprendi no estudo de campo. Também discuto as limitações do estudo e apresento sugestões para estudos futuros.

Capítulo 2

Revisão da literatura

A questão da importância da tecnologia na comunicação política tem estimulado debates interessantes entre os académicos, em resposta à alegada crise de representação devida ao desencanto do público em relação às instituições e práticas democráticas. As instituições representativas variam em função da cultura política, da tradição e da história. Este facto torna difícil avaliar os efeitos de largo espetro dos avanços tecnológicos nas instituições políticas. Do mesmo modo, a adoção e a aplicação de tecnologias diferem de uma cultura política para outra, enquanto outras consideram as novas tecnologias como perturbadoras das práticas tradicionais, outras consideram-nas como um meio de aumentar a produtividade, a eficiência e a responsabilidade. Esta investigação centrou-se na avaliação das ferramentas das tecnologias da informação e da comunicação utilizadas pelos membros da Câmara dos Representantes da Nigéria na comunicação com os seus eleitores. Mais importante ainda, este capítulo explora a literatura sobre a utilização da tecnologia pelos representantes eleitos em diferentes culturas políticas.

Coleman e Spiller (2003), no seu estudo sobre o Parlamento britânico, *Exploring New Media Effects on Representative Democracy,* observaram que os órgãos representativos têm estado sob uma pressão crescente para se ligarem mais diretamente aos cidadãos ou correm o risco de serem marginalizados. Lusoli, Ward e Gibson (2006) referiram que se tornou cada vez mais comum falar de crise na representação parlamentar no Reino Unido, em resultado de um fosso crescente entre o Parlamento, os seus membros e o público britânico. "Os cidadãos sabem menos sobre os deputados e o Parlamento do que no passado. Apenas 42% do público sabe nomear corretamente o seu deputado, um decréscimo de 10% em relação ao início dos anos 90" (Lusoli, Ward, & Gibson, 2005, p. 26). A Hansard Society, uma instituição de investigação e educação política independente e não partidária com sede no Reino Unido, no seu briefing na Câmara dos Lordes, em dezembro de 2008, sobre o *reforço da capacidade do Parlamento para comunicar com os membros do público*, salientou o fosso crescente entre os deputados britânicos e o público. A Hansard Society referiu que apenas 32% das pessoas concordam que têm uma boa compreensão do funcionamento do Parlamento e apenas 19% das pessoas inquiridas concordam que o Parlamento trabalha para elas. Estas estatísticas revelam um crescente desinteresse ou falta de confiança dos cidadãos no Parlamento e/ou nos deputados.

Mais estudos reconheceram que as tecnologias digitais podem constituir uma forma de tornar os representantes mais acessíveis ao público. As tecnologias da informação e da comunicação (TIC) têm tido um impacto importante e crescente no trabalho dos representantes eleitos. Num estudo sobre a *comunicação com o Congresso* realizado com o pessoal do Congresso dos Estados Unidos, Fitch & Goldschmidt (2005) afirmaram que os membros do Congresso têm mais oportunidades de interagir facilmente com muitas pessoas graças às novas tecnologias. O estudo refere que o correio eletrónico, a Internet, as bases de dados e outras tecnologias tornam mais rápido, mais fácil e menos dispendioso para os membros do Congresso desenvolver relações interactivas com os eleitores.

O estudo indicou que a Internet e o correio eletrónico também proporcionaram às organizações de base e aos cidadãos novas oportunidades para se organizarem relativamente a questões, acederem e partilharem informações e comunicarem com os seus representantes eleitos. Fitch & Goldschmidt (2005) afirmaram que "uma grande maioria dos funcionários do Congresso inquiridos, 79%, acredita que a Internet facilitou o envolvimento dos cidadãos nas políticas públicas; 55% acredita que aumentou a compreensão do público sobre o que se passa em Washington; e uma pluralidade de 48% acredita que tornou os deputados mais receptivos aos seus eleitores" (p. 4). O relatório significa que os funcionários do Congresso reconheceram a importância das novas tecnologias para melhorar a comunicação entre os representantes eleitos e o eleitorado. Hysom (2008) observou nas recomendações finais do projeto: *Comunicar com o Congresso,* que com o advento das novas tecnologias, o público tem a capacidade de estar quase tão informado como os deputados e os funcionários sobre as questões actuais do Congresso. "Agora, não é apenas o deputado que educa e actualiza o eleitor, mas o eleitor também traz novas informações ao deputado" (p. 39).

Goldschmidt e Ochreiter (2008), no seu estudo "*Communicating with Congress: How Internet has Changed Citizen Engagement:* a Congressional Management Foundation (CMF) project, referem que a Internet teve um impacto significativo na esfera política dos Estados Unidos, onde um novo grupo de cidadãos politicamente empenhados e em linha encontrou o seu método preferido de participação cívica. O correio eletrónico, os blogues, os conteúdos noticiosos em linha e os sítios de redes sociais facilitaram a obtenção de informações, a organização, o contacto com os funcionários públicos e a tomada de decisões. O relatório afirma que os americanos estão a depender menos das fontes de notícias tradicionais, como os noticiários televisivos locais, os noticiários em rede e os jornais, para obter informações sobre política, recorrendo antes à Internet. O relatório de Goldschmidt e Ochreiter (2008) indica que os utilizadores da Internet têm uma forte preferência por serem contactados pelos seus senadores e representantes por correio eletrónico, sendo que 67% dos que contactaram o Congresso e 44% dos que não o fizeram indicaram uma preferência por serem contactados pelos seus membros do Congresso por correio eletrónico e o correio postal vem a seguir com 15% dos inquiridos.

No entanto, Goldschmidt e Ochreiter (2008) referiram que, apesar do facto de "a Internet ser o método preferido dos cidadãos para acederem a informações, enviarem mensagens e receberem informações do Congresso .... Infelizmente, muitos gabinetes do Congresso ainda não se adaptaram às ferramentas e técnicas em linha" (p. 46). Os autores afirmam que os benefícios a longo prazo da melhoria das comunicações em linha do Congresso vão muito além da simples satisfação das necessidades e expectativas dos cidadãos. De acordo com Goldschmidt e Ochreiter (2008), uma vez implementados os sistemas, as ferramentas em linha podem permitir que os membros do Congresso cheguem facilmente a um maior número de constituintes do que nunca. Para além disso, as ferramentas em linha também podem fornecer aos gabinetes do Congresso meios poderosos para enviar e receber mensagens, recolher contributos dos cidadãos, interagir com o público e gerir a informação que recebem de forma mais eficiente. Goldschmidt e Ochreiter (2008) referem que "a chave é que as instituições da Câmara e do Senado, bem como os gabinetes individuais dos congressistas, aprendam a integrar estas ferramentas de forma a poderem ser tão eficazes quanto possível" (p. 47).

Por último, Goldschmidt e Ochreiter (2008) salientaram que, embora a Internet tenha afetado a relação entre os cidadãos e o Congresso de muitas formas, algumas das quais só agora começaram a ser identificadas e exploradas. Uma coisa é certa: existem frustrações profundamente enraizadas, desafios formidáveis e oportunidades tremendas de ambos os lados, que estão frequentemente a impedir as interações entre eles. Nesta altura, está a ser dada tanta atenção aos pormenores operacionais do envio e da receção de mensagens que se tornou fácil perder de vista o panorama geral. Estas mensagens fazem parte do debate que está no cerne de uma democracia representativa vibrante e sólida.

Impacto transformador das TI na democracia representativa

Na avaliação que Smith & Gray (1999) fizeram da forma como o Parlamento escocês se transformou com a adoção das novas tecnologias, concluíram que o Parlamento escocês representa uma inovação democrática sem paralelo na governação da Escócia, facto que poucos procurariam contestar. O Parlamento escocês representa uma oportunidade de renovação democrática que não pode ser subestimada, e o papel da tecnologia no apoio à renovação foi bem articulado e implementado. As tecnologias da informação e da comunicação (TIC) foram consideradas como tendo potencialidades transformadoras que não só apoiam o funcionamento do parlamento em termos de democracia representativa, mas também deslocam o nexo do empenhamento político da pura democracia representativa para o empenhamento participativo efetivo no processo político.

Lusoli, Ward e Gibson, (2006), identificaram as Tecnologias de Informação e Comunicação (TIC) como um dos elementos capazes de ajudar o parlamento a restabelecer a ligação com o público. Num estudo sobre os parlamentares do Reino Unido (RU) e a utilização da Internet para restabelecer a ligação com o público, descobriu-se que o desejo dos membros do Parlamento do RU e da Câmara dos Comuns (CdC) de se ligarem ao público através de meios electrónicos é palpável. Em julho de 2002, um relatório do Comité de Informação do Parlamento britânico identificou cinco áreas em que as TIC podem melhorar a eficiência e a representação dos membros: aumentar a acessibilidade do público à Câmara dos Comuns e aos deputados; melhorar o profissionalismo dos membros; aumentar a participação do público, especialmente entre os excluídos; abrir os procedimentos parlamentares e aumentar a transparência; e estabelecer redes com outras instituições para se manterem à frente dos desenvolvimentos das TIC (Lusoli et al. 2005). O estudo de Lusoli et al. (2005) concluiu que, entre a gama crescente de canais disponíveis para os cidadãos contactarem os seus representantes eleitos, o telefone é, alegadamente, o meio de eleição. O estudo concluiu, no entanto, que as novas tecnologias têm potencial para atrair novos cidadãos e aprofundar o envolvimento das pessoas com o parlamento.

Coleman e Spiller (2003) referem que os parlamentos de todo o mundo desenvolvido integraram a Internet no seu trabalho. Segundo estes autores, num estudo sobre 36 parlamentos europeus, verificou-se que 98% têm um sítio Web público, 91% têm uma intranet e 89% têm contas de correio eletrónico para todos os membros. O estudo refere ainda que mais de 90% dos funcionários parlamentares acreditam que a utilização das tecnologias digitais conduzirá a uma maior participação do público no trabalho do parlamento e 91% acreditam num diálogo mais interativo entre representantes e cidadãos. Estes estudos confirmam o grau de adoção das tecnologias da informação pelas instituições legislativas e pelos representantes na comunicação com o público. Do mesmo modo, Chen, Gilbson e Geiselhart (2006) afirmaram que os representantes políticos australianos estão muito "ligados" à utilização de tecnologias como a World Wide Web e o correio eletrónico. Consequentemente, os membros do Parlamento australiano que são utilizadores activos destas tecnologias têm maior capacidade para recolher e sintetizar informações relevantes para as suas funções políticas.

O estudo de Williamson (2009) sobre o *efeito dos meios de comunicação digitais na comunicação dos deputados com os constituintes* indica que os deputados do Reino Unido consideram que os meios de comunicação digitais são muito positivos no apoio à sua comunicação com os constituintes, com especial referência ao correio eletrónico e aos sítios Web. O estudo revelou que o correio eletrónico é a principal ferramenta utilizada nos gabinetes dos deputados. "Dois tipos de comunicação surgem como predominantes. Em primeiro lugar, a comunicação um-a-um por correio eletrónico e, em segundo lugar, a 'publicação' de informação a ser consumida" (Williamson, 2009, p.519). O estudo refere que o correio eletrónico se tornou uma ferramenta ubíqua de eleição para a maioria dos deputados comunicarem com os seus eleitores. No entanto, o estudo apontou alguns dos desafios que os deputados enfrentam na utilização do correio eletrónico para comunicar com os eleitores. De acordo com Williamson (2009), os deputados observaram que, para além de consumir demasiado do seu tempo e do tempo do seu pessoal para ler e responder a todas as mensagens de correio eletrónico, cria expectativas irrealistas quanto aos tempos de resposta e é difícil filtrar as comunicações genuínas por correio eletrónico do spam e das mensagens de não constituintes.

Do mesmo modo, também foi manifestada a preocupação de que, apesar dos benefícios do correio eletrónico, uma dependência excessiva deste como ferramenta de comunicação pudesse levar à exclusão de alguns eleitores. "Além disso, é importante que o correio eletrónico não seja visto como um substituto completo dos métodos tradicionais de comunicação: O correio eletrónico [é] útil para comunicações urgentes, mas é preciso ter em conta que os eleitores em pior situação, que recebem o pior tratamento da sociedade, não têm acesso a comunicações electrónicas e dependem do correio" (Williamson, 2009, p. 520). Numa tentativa de encontrar um meio-termo entre as novas tecnologias e os meios de comunicação tradicionais, Lazer, Neblo, Esterling, & Goldschmidt (2009) recomendaram uma combinação de ambos para os representantes comunicarem com os seus eleitores. Segundo eles, as novas tecnologias oferecem uma forma muito eficaz de chegar a muitos eleitores e, combinadas com os meios de comunicação tradicionais, podem ajudar a reforçar ainda mais os laços entre os representantes eleitos e as pessoas que representam.

As mensagens de texto são outra nova tecnologia que está a mudar o panorama da comunicação política. Um estudo do Pew Research Center (2010) indica que os telemóveis se tornaram uma ferramenta de comunicação essencial para os adultos americanos. O estudo do Pew afirma que 82% dos adultos americanos dizem ter telemóveis, 71% utilizam mensagens de texto e 26% dos americanos utilizaram os seus telemóveis para se ligarem às eleições intercalares de 2010. Nas eleições americanas de 2008, o Presidente Obama foi pioneiro na utilização de mensagens de texto na comunicação política, utilizando a mensagem de texto para anunciar o seu companheiro de candidatura e para mobilizar as pessoas a registarem-se e a votarem no dia das eleições, visando especialmente os jovens e os adultos. Dale e Strauss (2007), no seu estudo sobre mensagens de texto como ferramenta de mobilização dos jovens realizado durante as eleições de novembro de 2006, descobriram que as mensagens de texto são uma ferramenta poderosa para chegar a novos eleitores e levá-los às urnas. O resultado do estudo indica que os avisos por mensagem de texto aos novos eleitores aumentaram a probabilidade de um indivíduo votar em 3,2%, uma margem forte que pode alterar uma eleição renhida.

Graff, (2008) refere que as mensagens de texto se tornaram o instrumento de expressão dos descontentes com o status quo político em todo o mundo. Por exemplo, em 2001, os manifestantes organizaram-se através de mensagens de texto para derrubar o Presidente Joseph Estrada das Filipinas. Do mesmo modo, Graff (2008) também referiu que, em Espanha, em 2004, as mensagens de texto ajudaram a derrubar o governo de José Maria Aznar após os atentados à bomba nos comboios de Madrid. Com estes desenvolvimentos, Celdran (2002) argumenta que as mensagens de texto alteraram as regras tradicionais da comunicação e mobilização políticas, com implicações de grande alcance para a natureza da cidadania numa era caracterizada por rápidas inovações nas tecnologias da informação. Celdran (2002) explica que as caraterísticas mais impressionantes das mensagens de texto são a conetividade à rede, a velocidade, a relação custo-eficácia, a mobilidade e a confidencialidade. Segundo ele, quando estas mesmas caraterísticas são combinadas com forças sociais externas, as mensagens de texto tornam-se um instrumento potencial para mediar a informação política e acelerar o processo de mudança política, como se viu nas Filipinas.

A influência crescente das novas tecnologias da informação e da comunicação (TIC), em particular da tecnologia dos telemóveis, em muitos aspectos da vida é significativa, e o seu impacto notável na política e nas comunicações políticas manifesta-se em todo o mundo. O estudo do Pew Research Center (2010) descreve este fenómeno da seguinte forma: "A conetividade móvel tornou-se uma caraterística crescente em todos os tipos de comunicação e trocas de informação - incluindo a política - e a conetividade móvel está a tornar-se uma caraterística regular das campanhas políticas" (p. 3). A utilização de mensagens de texto não se limitou a campanhas políticas e mobilizações de cidadãos. Organizações não partidárias de monitorização de eleições em países como a Albânia (2007), o Barém (2006), a Indonésia (2005), o Montenegro (2006), a Serra Leoa (2007) e o Gana (2008) também adoptaram o SMS como ferramenta de comunicação para monitorizar eleições gerais. De acordo com Schuler (2008), "a velocidade de comunicação e processamento, a flexibilidade e a cobertura que os SMS podem proporcionar dão às organizações de monitorização uma ferramenta poderosa para organizar voluntários e responder instantaneamente a um ambiente eleitoral em evolução. Quando combinados com uma metodologia de relatório que utiliza uma amostra representativa das assembleias de voto, os relatórios por SMS contribuem para uma compreensão profunda da forma como as eleições são conduzidas num país e se os resultados reflectem a vontade do povo" (p. 154). As mensagens de texto estão a tornar-se uma ferramenta de comunicação tática e de mobilização. As mensagens de texto são uma ferramenta de comunicação inovadora que atravessa os negócios, a política e as interações sociais utilizando a tecnologia móvel.

Desafios das TIC e da democracia representativa

Embora as TIC tenham sido reconhecidas como uma força positiva no reforço da democracia participativa, esta perspetiva "utópica" da tecnologia da informação tem sido posta em causa. De acordo com Tettey (2001), "as TIC produzirão apenas uma fachada de democracia e participação popular, porque a elite manipula as tecnologias da informação para se adequarem às suas agendas institucionais e pessoais" (p. 137). Esta escola de pensamento defende que a nova tecnologia serve apenas os interesses daqueles que dominam a estrutura de poder e influência prevalecente. Coleman e Spiller (2003), na sua apresentação sobre os efeitos das TIC e o processo democrático, afirmam que os relatos do impacto democrático dos novos meios de comunicação social têm sido problemáticos de três formas:

Em primeiro lugar, tendem a ser demasiado deterministas quanto às consequências sociais da adoção tecnológica. Em segundo lugar, têm frequentemente demonstrado ingenuidade teórica sobre a possibilidade de transcender as estruturas e instituições representativas. Em terceiro lugar, têm-se preocupado metodologicamente com questões empíricas estreitas, como o número de representantes com sítios Web ou contas de correio eletrónico, em vez de análises mais sofisticadas da natureza e da prática da representação política (p. 3).

Coleman e Spiller (2003) argumentaram que os relatos deterministas do potencial democrático dos novos media pressupõem que as tecnologias são forças historicamente independentes, o que não é o caso. Além disso, afirmaram que os efeitos dos novos meios de comunicação na democracia tendem a trabalhar com concepções teoricamente subdesenvolvidas e por vezes ingénuas da teoria política. Em vez de se debruçarem sobre outros factores cruciais, como os contextos constitucionais, institucionais e sociodemográficos, alguns comentadores tendem a ficar obcecados com os modelos de democracia direta e outros cenários tecnopopulistas. Coleman e Spiller (2003) afirmaram que o pressuposto de que os novos modelos de formação de políticas e de tomada de decisões dependem simplesmente de técnicas inovadoras de comunicação não só perpetua a falácia do determinismo tecnocrático, como também subestima enormemente a lógica temporal, cognitiva e agregadora da representação democrática.

Além disso, Coleman e Spiller (2003) referem que a maior parte dos deputados britânicos entrevistados no estudo *Exploring New Media Effects on Representative Democracy (Explorando os efeitos dos novos meios de comunicação na democracia representativa*) insiste na importância da comunicação face a face. "A política é um negócio de pessoas. Quero ver pessoas reais" (p. 7), disse um dos inquiridos. A maioria dos deputados britânicos também manifestou a sua preocupação com o perigo de as comunicações digitais excluírem a maioria dos seus eleitores.

Coleman e Spiller (2003) concluíram que os novos media possuem um potencial vulnerável para revigorar a comunicação democrática. No entanto, os efeitos dos meios de comunicação social nunca são determinísticos, desenvolvem-se muitas vezes contra as expectativas e estão sempre relacionados com factores ambientais e culturais mais vastos. Por conseguinte, não é útil pensar nas tecnologias como produzindo efeitos autónomos. Lyons e Lyons (1999) no seu estudo sobre os *Desafios colocados pelas Tecnologias de Informação e Comunicação (TIC) para a Democracia Parlamentar na África do Sul; argumentaram* que as TIC em si não são inerentemente boas ou más, limitadoras ou libertadoras. Argumentaram que a dependência parlamentar da utilização da Internet tem vantagens significativas para o funcionamento efetivo dos trabalhos do parlamento, bem como desvantagens significativas se não forem devidamente geridas e bem utilizadas. Defenderam que os responsáveis pelo desenvolvimento e gestão das TIC no parlamento devem ter em conta o contexto socioeconómico do ambiente. Lyons e Lyons (1999) salientaram que a forma como as TIC são utilizadas pelo parlamento e pelos deputados será um critério para avaliar até que ponto os direitos de liberdade e igualdade de acesso são respeitados. A questão do contexto socioeconómico e político salientada neste estudo é um elemento importante na utilização das TIC pelos legisladores e órgãos legislativos em todo o mundo. Por exemplo, num estudo sobre a forma como os deputados utilizam os meios digitais para comunicar com os seus eleitores, Williamson (2009) observou que foram levantadas preocupações sobre a natureza excludente da Internet, especialmente pelos deputados dos círculos eleitorais socioeconómicos mais baixos. "Houve um debate sobre os efeitos do fosso digital entre classes, no que diz respeito aos círculos eleitorais urbanos e rurais, e a necessidade de não excluir as pessoas do processo pelo facto de não terem acesso à Internet" (Williamson, 2009, p. 21)

Estudos anteriores (Chen, Gibson, & Geiselhart 2006; Coleman e Spiller 2003; Coleman, Taylor, & Van De Donk, 1999; Fitch & Goldschmidt, 2005; Leston-Bandeira 2007; Lusoli,Ward, & Gibson, 2006; Lyons & Lyons, 1999; Mulder, 1999 e Williamson, 2009)) documentaram a utilização e o impacto das Tecnologias de Informação e Comunicação na comunicação entre os representantes eleitos e os cidadãos na Europa, Austrália, Reino Unido e Estados Unidos, mas o mesmo não se pode dizer dos legisladores africanos. Tal como noutras partes do mundo, "a perceção de que as TIC são um ingrediente crítico para a governação democrática em África resultou em várias iniciativas destinadas a reforçar a sociedade civil, garantir a transparência no governo e facilitar o acesso dos cidadãos à informação, participar no discurso democrático e afetar a direção das políticas" (Tettey, 2001, p. 134).

Tettey (2001) observou que muitos académicos defendem que as TIC têm o potencial de transformar as interações políticas entre os cidadãos e as autoridades políticas de uma forma que sugere a capacitação dos cidadãos comuns e lhes permite influenciar as decisões políticas. Afirmou que o papel inestimável que a comunicação e as tecnologias da informação, como o fax e o correio eletrónico, desempenharam na divulgação da informação e no eventual êxito das forças pró-democracia na Europa de Leste é amplamente citado como prova empírica para apoiar esta afirmação. No entanto, Tettey (2001) argumentou que, no caso de África, não se tem em conta a presença ou ausência de certas circunstâncias que permitam aos representantes e aos cidadãos utilizar as tecnologias. Entre estes factores, destacam-se "o estatuto económico, a localização geográfica, o nível de educação, o género e a literacia na língua dominante da tecnologia" (Tettey, 2001, p. 138).

Na sua avaliação do impacto das novas tecnologias da informação e da comunicação (TIC) no desenvolvimento socioeconómico e educativo de África e da região da Ásia-Pacífico, Obijiofor, Inayatullah e Stevenson (2005) constataram que a "implementação das TIC está a ocorrer num contexto em que as barreiras culturais e institucionais não são bem abordadas. O pressuposto frequentemente adotado é o de que, se se comprarem alguns computadores e modems, o resultado será uma sociedade pós-industrial por magia" (p. 3). Obijiofor et. al (2005), afirmou que alguns dos factores inibidores que afectam a introdução e utilização generalizadas das novas tecnologias incluem

> pobreza generalizada, que leva à perceção dos computadores, por exemplo, como aquisições estranhas e de luxo; base de apoio infraestrutural deficiente, de que são exemplos sistemas de eletricidade e de telefone ineficazes; analfabetismo e falta de competências informáticas básicas e perceção das tecnologias (por exemplo, o computador) como símbolo de estatuto ou afirmação da hierarquia de cada um na sociedade (p. 5)

Esta evolução significa que nem todos os cidadãos podem participar no processo político em pé de igualdade. O nível de literacia dos cidadãos é outro fator determinante na utilização das tecnologias da informação em África. Tendo em conta o elevado nível de analfabetismo em África, Tettey (2001) observou que o pequeno número de pessoas que têm acesso à tecnologia no continente são obviamente as elites urbanas. Por conseguinte, afirmou que, em vez de a tecnologia possibilitar a participação de um maior número de pessoas no processo político em pé de igualdade, apenas aumenta a participação de algumas elites, perpetuando assim o status quo e reforçando a hegemonia dominante. Tettey argumentou ainda que a utilização da Internet e de outras novas tecnologias para fins de participação política irá, na melhor das hipóteses, apenas reproduzir as enormes divisões entre os que "têm" e os que "não têm" ou, na pior, distanciar e marginalizar a maioria da participação no processo político.

Outro fator significativo que limita o acesso e a utilização das tecnologias no processo político em África é o baixo nível de desenvolvimento das infra-estruturas. Ezekwesili (2009) observou que 30 países africanos sofrem de cortes crónicos de energia e que cerca de 560 milhões de pessoas na África Subsariana não têm acesso a energia moderna. Tettey (2001) observou que o acesso às tecnologias da informação e da comunicação (TIC) e a sua utilização são limitados em África, com grandes disparidades entre indivíduos, países e regiões. Obijiofor, Inayatullah e Stevenson (2005) afirmaram que existem sérios obstáculos à utilização das TIC no desenvolvimento educativo e socioeconómico, tais como questões de apoio a infra-estruturas, acesso e relações sociais hierárquicas que determinam quem tem acesso às TIC. Por exemplo, a Internet World Stats (2009) indicou (Fig. 1) que, dos 991 milhões de habitantes de África, apenas 86 milhões ou 8,7% têm acesso à Internet, em comparação com os 259,6 milhões ou 76,2% de utilizadores da Internet da América do Norte, os 425,8 milhões ou 53,0% da Europa e os 186,9 milhões ou 31,9% da população da América Latina/Caraíbas.

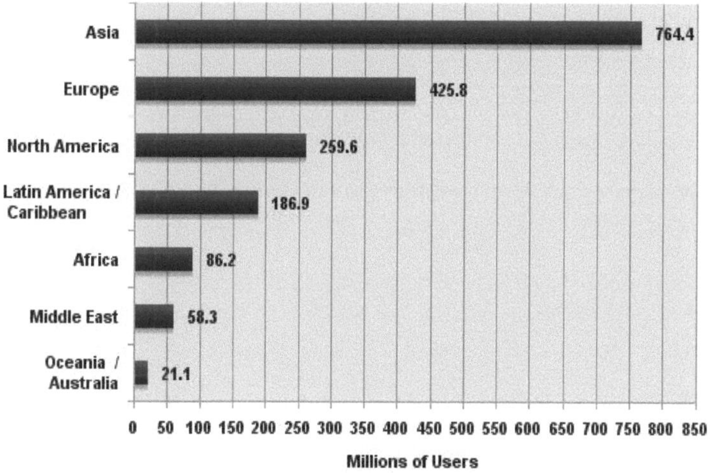

Source: Internet World Stats - www.internetworldstats.com/stats.htm
Estimated Internet users are 1,802,330,457 for December 31, 2009

Figura 3.2 Utilizadores de Internet no mundo por regiões geográficas - 2009

Tettey (2001) advertiu que as TIC não podem ser a bala mágica que, de repente, fará com que os políticos africanos virem uma nova página, aceitem o escrutínio das suas actividades pelos cidadãos e incorporem os pontos de vista dos grupos cívicos nas deliberações políticas. Por isso, é importante resistir às sugestões da escola de pensamento que sobrevalorizou as ligações casuais entre as TIC e a democracia. Não só isso, Tettey (2001) defende que, sem esforços para reduzir o fosso de acesso na utilização das TIC, e para gerar capacidade de resposta por parte do governo, a Internet e as suas facilidades associadas continuarão a ser ferramentas para produzir quantidades esmagadoras de informação, em vez de meios de uma verdadeira democracia deliberativa e participativa.

Conclusão

Apesar da utilização crescente das TIC para comunicar com os eleitores nas democracias desenvolvidas e em desenvolvimento em todo o mundo, há pouca investigação disponível sobre o impacto das tecnologias da informação na comunicação dos representantes eleitos com os seus eleitores em África, especialmente na Nigéria. Isto justifica a importância deste estudo e dá crédito ao facto de que vale a pena estudar este fenómeno. Além disso, este estudo preenche parte da lacuna de investigação ao investigar as Tecnologias de Informação e Comunicação utilizadas pelos deputados da Câmara dos Representantes na Nigéria na comunicação com os seus eleitores e examina o impacto das novas tecnologias no processo de comunicação. No Capítulo Três, explicarei a minha metodologia de investigação; fornecerei informações contextuais sobre os participantes no estudo; darei uma descrição pormenorizada dos esforços de recolha de dados e do meu método de análise dos dados.

Capítulo 3

Metodologia

Esta investigação examinou os tipos de ferramentas das tecnologias da informação e da comunicação (TIC) disponíveis para os representantes eleitos na Nigéria e investigou as ferramentas que são habitualmente utilizadas para comunicar com os eleitores. Trata-se de um estudo exploratório das experiências de comunicação dos representantes com os seus eleitores. O objetivo desta investigação era criar e desenvolver um conjunto de estratégias de comunicação que ajudassem os representantes eleitos na Nigéria a comunicar eficazmente com os seus eleitores. Existem múltiplas dimensões na comunicação entre os representantes eleitos e os cidadãos; este estudo centrou-se na comunicação dos membros da Câmara dos Representantes e do seu pessoal com os eleitores. Este tipo de comunicação inclui a comunicação interpessoal (um para um), ou seja, do representante para cada eleitor; e também a comunicação do representante para os grupos organizados, líderes comunitários, organismos profissionais ou associações (um para muitos).

Neste estudo de campo, é utilizada uma metodologia de investigação qualitativa para investigar o fenómeno. Neste capítulo, explicarei a minha metodologia de investigação, fornecerei informações contextuais sobre os participantes no estudo, darei uma descrição pormenorizada dos esforços de recolha de dados e exporei o meu método de análise de dados. Além disso, explicarei a abordagem interpretativa de Denzin (2001), que utilizei para estruturar a minha recolha e análise de dados.

Resumo da investigação

Esta investigação é um estudo exploratório em que se procuram significados para compreender as experiências e situações individuais vividas. Os significados têm múltiplas dimensões baseadas em diferentes factores sociais, económicos, políticos, culturais e históricos (Creswell, 2007). Estes factores interagem dentro de um determinado contexto para construir socialmente os significados das experiências vividas. Como já foi referido, utilizei a abordagem interpretativa de Denzin (2001) para estruturar a minha recolha e análise de dados. Nesta secção, explicarei como esta abordagem funciona bem no meu estudo.

O processo interpretativo é uma abordagem de investigação qualitativa. Denzin e Lincoln (2008) descrevem a investigação qualitativa como "uma atividade situada que localiza o observador no mundo. Consiste num conjunto de práticas interpretativas e materiais que tornam o mundo visível. Estas práticas transformam o mundo" (p. 4). Denzin e Lincoln (2008) explicam que os investigadores qualitativos estudam as coisas nos seus ambientes naturais e tentam dar sentido ou interpretar os fenómenos em termos dos significados que as pessoas lhes atribuem. Isto é feito através de vários métodos, tais como entrevistas, notas de campo, conversas, fotografias, observações e registos. Merriam (2009) afirma que os investigadores qualitativos estão interessados em "compreender o significado que as pessoas construíram, ou seja, a forma como as pessoas dão sentido ao seu mundo e às experiências que têm no mundo" (p. 13). Merriam (2009) sublinha que a principal preocupação é compreender o fenómeno de interesse a partir das perspectivas dos participantes. Denzin e Lincoln (2008) afirmam que a investigação qualitativa:

envolve o uso estudado e a recolha de uma variedade de materiais empíricos - estudo de caso; experiência pessoal; introspeção; história de vida; entrevista; artefactos; textos e produções culturais; textos observacionais; históricos; interaccionais; e visuais - que descrevem momentos e significados rotineiros e problemáticos na vida dos indivíduos (p. 4).

Na sua essência, os estudos qualitativos visam obter uma melhor compreensão do fenómeno estudado a partir das perspectivas dos participantes, utilizando diferentes métodos interpretativos.

Neste estudo, foram utilizados métodos fenomenológicos para explorar os significados que os membros da Câmara dos Representantes na Nigéria atribuíram às experiências de comunicação com os seus constituintes. Creswell (2007) diz que um estudo fenomenológico descreve o significado para vários indivíduos das suas experiências vividas de um conceito ou de um fenómeno. É uma descrição do que todos os participantes têm em comum quando experimentam um fenómeno. Van Manen (1990) descreve a fenomenologia como um processo que "visa obter uma compreensão mais profunda da natureza ou do significado das nossas experiências quotidianas" (p. 9). A fenomenologia ajuda-nos a obter uma descrição perspicaz da forma como vivemos o mundo. Este estudo de campo é uma exploração das experiências comunicativas dos representantes eleitos. O objetivo é obter informações sobre as experiências diárias dos representantes quando comunicam com os seus eleitores. Van Manen (1990) afirma que a experiência vivida é o ponto de partida e o ponto de chegada de um estudo fenomenológico. A fenomenologia dá vida à essência das experiências vividas, uma vez que "transforma as experiências vividas numa expressão textual da sua essência" (p. 36).

Este estudo alinha-se com a fenomenologia hermenêutica de Van Manen (1990), na qual ele descreve a fenomenologia como "a forma como nos orientamos para as experiências vividas" e a hermenêutica como "a forma como interpretamos os "textos" da vida" (p. 4). O fenómeno hermenêutico centra-se não só na descrição do fenómeno, mas também na interpretação dos significados e significantes do fenómeno. Do mesmo modo, esta investigação procurou não só conhecer os tipos de ferramentas TIC que estão a ser utilizadas pelos representantes na Nigéria para comunicar com os seus constituintes, mas o estudo irá também investigar a forma como as ferramentas estão a ser utilizadas e os impactos dessas ferramentas nas suas experiências de comunicação. Creswell (2007) explica que a fenomenologia não é apenas uma descrição, mas é também um processo em que o investigador faz uma interpretação. Van Manen (1990) explica que a fenomenologia hermenêutica é simultaneamente descritiva (fenomenológica) porque pretende que as coisas falem por si próprias; e interpretativa (hermenêutica) porque não existem fenómenos não interpretados. Essencialmente, cada experiência vivida captada na linguagem é inevitavelmente um processo interpretativo.

É importante explicar como a abordagem interpretativa se enquadra neste estudo de campo e como foi aplicada. Este estudo de campo teve lugar no Complexo da Assembleia Nacional, em Abuja, na Nigéria, que alberga as câmaras legislativas da Câmara dos Representantes, o Senado, os gabinetes dos deputados e dos senadores e o pessoal administrativo e político da Assembleia Nacional. O estudo situou-se no contexto político, social e cultural da Nigéria. A investigação foi realizada no ambiente natural dos participantes, onde o fenómeno é vivido diariamente. O estudo centrou-se nas perspectivas dos membros da Câmara dos Representantes com base nas suas experiências pessoais de comunicação com os seus constituintes. As perspectivas dos representantes foram incorporadas nas suas histórias pessoais e experiências partilhadas.

A abordagem interpretativa

Uma abordagem interpretativa é um método de investigação qualitativa que "se refere ao processo de explicar o significado de algo" (Crawley, 1999, p.42). É um método de investigação associado aos trabalhos de diferentes académicos, tais como Marx, Mead, Dewey, Heidegger, Weber, Husserl, Sartre, Merleau-Ponty, Geertz, Blumer, Becker, Strauss, Goffman e Denzin, entre vários outros. Denzin (2001) explica que a abordagem interpretativa "tenta tornar acessíveis aos leitores os significados que circulam no mundo das experiências vividas. Esforça-se por captar e representar as vozes, emoções e acções das pessoas estudadas" (p. 1). Nesta investigação, o foco foi nos significados que os participantes têm sobre o fenómeno, e não nos significados do fenómeno estudado na minha perspetiva de investigadora. O estudo tem como objetivo examinar o impacto das ferramentas TIC utilizadas pelos representantes eleitos para comunicar com os seus eleitores e a forma como essas ferramentas de comunicação mudaram ou moldaram as suas vidas no decurso do desempenho das suas funções legislativas.

Denzin (2001) explica ainda que a abordagem interpretativa se centra nas experiências de vida que alteram e moldam de forma dramática ou radical os significados que as pessoas dão a si próprias e às suas experiências. A abordagem interpretativa permite ao investigador situar-se na situação social e interagir com os participantes com vista a "desenvolver interpretações e histórias pessoais baseadas nos mundos da experiência vivida" (p. 42). Crawley (1999) afirma que "o processo interpretativo representa uma orientação filosófica e das ciências humanas que permite uma investigação eficaz das experiências vividas pelas pessoas e tenta preservar as dimensões subjectivas e pessoais dessas experiências" (p. 46). A abordagem interpretativa dá-me a oportunidade de captar as experiências comunicativas pessoais dos representantes eleitos na Nigéria e fornece-me as ferramentas adequadas para contar a história a partir das perspectivas dos participantes. Através da abordagem interpretativa, consegui captar as experiências comunicativas vividas pelos participantes e isolar frases-chave que descreviam a essência dessas experiências. Isto culminou no destaque da satisfação e dos desafios que advêm da utilização das novas tecnologias para comunicar com os constituintes.

Denzin (2001) classificou os investigadores interpretativos em duas categorias básicas:

1) Aqueles que se dedicam à interpretação pura com o objetivo de construir interpretações significativas da problemática social e cultural;

2) Aqueles que se dedicam à avaliação interpretativa realizam investigação sobre um problema social fundamental, a fim de fornecer aos decisores políticos recomendações pragmáticas e orientadas para a ação para atenuar os problemas (p. 42).

Optei por alinhar este estudo com os investigadores que utilizam a abordagem de avaliação interpretativa. A abordagem de avaliação interpretativa é adequada para este estudo porque me ajudou a obter as perspectivas e a compreensão dos representantes eleitos sobre o fenómeno estudado, com vista a propor recomendações sobre a forma de melhorar a comunicação entre os representantes e os seus eleitores. Esta recomendação traduzir-se-á no desenvolvimento de uma estratégia de comunicação adequada para os representantes chegarem aos seus eleitores. O fenómeno estudado é um problema social fundamental que necessita de recomendações pragmáticas e orientadas para a ação para resolver o problema. Denzin (2001) descreve seis passos que me ajudaram a investigar a utilização das TIC pelos representantes nigerianos na comunicação com os seus eleitores.

O processo interpretativo em seis etapas de Denzin

Os seis passos ou fases do processo interpretativo delineados por Denzin são: enquadrar a questão de investigação, desconstruir, captar, colocar entre parêntesis, construir e contextualizar.

1. Enquadramento da pergunta de investigação

O enquadramento da questão de investigação é a primeira etapa do processo interpretativo de seis etapas delineado por Denzin. Nesta fase, o investigador define o problema de investigação a ser investigado. Identifica a instituição ou o local onde o fenómeno pode ser estudado e justifica a razão para o estudar. A questão de investigação é formulada pelo investigador e pelo sujeito. Nesta fase do processo, o investigador deve ser capaz de pensar de forma reflectida, histórica, comparativa e biográfica. Este processo ajuda o investigador a refletir sobre as suas experiências pessoais e a integrá-las na sua investigação. Em seguida, o investigador tenta formular a questão de investigação num enunciado de problema.

E uma vez identificado o problema de investigação, Denzin (2001) explica que o investigador procura então descobrir como o fenómeno em questão é organizado, interpretado, percebido e significado pelas pessoas estudadas. Como parte do processo de formulação da questão de investigação, o investigador procura pessoas que tenham vivido o fenómeno em estudo e que ajudem a elaborar e a definir melhor o problema que organiza a investigação. Denzin (2001) afirma que "as experiências de vida dão maior substância e profundidade ao problema que o investigador deseja estudar" (p. 71). Denzin (2001) afirma que o enquadramento da questão de investigação envolve os seguintes passos:

1. Localizar, na sua própria história pessoal, a experiência biográfica problemática a estudar.

2. Descubra como este problema, enquanto problema privado, é ou está a tornar-se uma questão pública que afecta múltiplas vidas, instituições e grupos sociais.

3. Localizar as formações institucionais ou sítios onde as pessoas com estes problemas fazem coisas em

conjunto.

4. Começar a perguntar não porquê mas como é que estas experiências ocorrem

5. Tenta formular a pergunta do teu interlocutor numa afirmação (p. 71).

Na fase inicial de concetualização deste estudo de campo, os passos acima referidos ajudaram-me a moldar os meus pensamentos e a orientar o processo de identificação do problema a estudar e a enquadrar a questão de investigação para orientar o estudo. Por exemplo, o primeiro passo para enquadrar a questão de investigação foi localizar na história pessoal a experiência a estudar. A minha experiência como consultor para o reforço legislativo da Assembleia Nacional da Nigéria, em particular da Câmara dos Representantes, entre 1999 e 2006, observando os desafios enfrentados pelos representantes eleitos na Nigéria na comunicação com os seus eleitores, influenciou a minha escolha do fenómeno para esta investigação. Além disso, a minha exposição às operações do Congresso dos Estados Unidos durante um programa de estágio de três meses em 2002 no gabinete do antigo congressista Martin Olav Sabo (D-Minnesota), e a minha visita de estudo ao Parlamento da África do Sul também em 2002, serviram de catalisador para a realização deste estudo.

Estas experiências expuseram-me à forma como as TIC afectaram as funções legislativas, especialmente a comunicação com os constituintes nesses ambientes. Além disso, o meu envolvimento contínuo em programas de reforço legislativo e de desenvolvimento legislativo em diferentes países africanos, como a Nigéria, o Gana, a Libéria, a Serra Leoa, a África do Sul, o Lesoto, o Afeganistão e a Zâmbia, aprofundou o meu interesse e a minha paixão pelos estudos sobre o desenvolvimento legislativo. Também me motivaram os trabalhos da Congressional Management Foundation (CMF), uma organização apartidária, sem fins lucrativos, dedicada a ajudar o Congresso dos Estados Unidos e os seus membros a satisfazer as necessidades e expectativas em evolução de uma cidadania empenhada e informada (http://www.cmfweb.org). Desde a última década, a CMF tem vindo a realizar um estudo centrado nas comunicações entre os cidadãos e os membros do Congresso, utilizando as novas tecnologias e outras ferramentas TIC para facilitar e melhorar as comunicações entre os cidadãos e os membros do Congresso (http://www.cmfweb.org). Os resultados do estudo da CMF reforçaram a minha convicção de que este fenómeno merece ser estudado.

Localizei a Assembleia Nacional da Nigéria como o local institucional onde este problema pode ser estudado.

Como parte do processo de definição da questão de investigação, tive discussões preliminares com dez membros da Câmara dos Representantes, entre 15 e 24 de novembro de 2009, em Abuja, sobre os tipos de ferramentas TIC que utilizavam para comunicar com os seus eleitores. Em resultado do feedback dos representantes e das conclusões da revisão da literatura sobre o fenómeno, formulei a minha questão de investigação abrangente como:

- Quais são as ferramentas das Tecnologias de Informação e Comunicação (TIC) ao dispor dos deputados da Câmara dos Representantes (AR) na Nigéria para comunicarem com os seus eleitores?

Para além da questão principal de investigação acima referida, foram formuladas quatro outras questões de investigação para explorar melhor o fenómeno. Estas incluem:

- Quais são as ferramentas TIC que estão a ser utilizadas para comunicar com os eleitores e qual é o impacto dessas ferramentas na comunicação entre os representantes e os seus eleitores?

- Quais são as estratégias e tácticas de comunicação utilizadas pelos membros da AR para comunicar com os constituintes?

- Os representantes que utilizam estas ferramentas de comunicação têm mais ou menos probabilidades de visitar o seu círculo eleitoral?

- Quais são os obstáculos/desafios enfrentados pelos membros dos RH que utilizam as ferramentas de comunicação para comunicar com os seus constituintes e como podem ser ultrapassados?

O enquadramento da questão de investigação é uma etapa importante do processo interpretativo.

Crawley (1999) observou que, reconhecendo que as experiências de vida dão mais profundidade ao problema que o investigador está interessado em estudar, o investigador chega às questões de investigação em virtude da autorreflexão e das histórias pessoais dos participantes. O processo de autorreflexão e a ligação com os participantes são cruciais para a abordagem interpretativa porque reflectem a essência do fenómeno estudado e a paixão do investigador pelo assunto.

2. Desconstruir o fenómeno

A etapa seguinte do processo interpretativo consiste em o investigador examinar a forma como o "fenómeno tem sido estudado e como é apresentado e analisado na investigação e na literatura teórica existentes" (Denzin, 2001, p. 72). Esta etapa examina criticamente estudos anteriores sobre a questão que está a ser estudada. Denzin (2001) afirma que esta fase envolve o seguinte processo:

1. Desnudar as concepções prévias do fenómeno, incluindo a forma como foi definido, observado e analisado.

2. Fornecer uma interpretação crítica das definições, observações e análises anteriores do fenómeno.

3. Examinar criticamente o modelo teórico subjacente à ação humana implícito e utilizado em estudos anteriores sobre o fenómeno.

4. Apresentar os preconceitos e as tendências que rodeiam a compreensão existente do fenómeno (p. 73).

Esta fase do processo foi abordada na minha revisão da literatura. Examinei estudos anteriores realizados para investigar o fenómeno e a forma como foram apresentados e analisados. A revisão da literatura examina os tipos de instrumentos de comunicação que estão a ser utilizados nas instituições legislativas de diferentes países, como os Estados Unidos da América, o Reino Unido, a Austrália, a Escócia e a África do Sul, e a forma como estão a ser utilizados para comunicar com os eleitores. Também descreve o impacto de tais ferramentas de comunicação e os desafios enfrentados pelos representantes eleitos ao utilizá-las. Além disso, seguindo as quatro etapas de desconstrução de Denzin, a revisão da literatura ajudou a revelar os pontos fortes, os pontos fracos e as lacunas dos estudos anteriores sobre o fenómeno.

3. Capturar o fenómeno

Nesta fase, o primeiro passo do investigador é localizar o fenómeno a estudar no seu ambiente natural. Denzin (2001) explica que, enquanto a desconstrução trata do que foi feito com o fenómeno no passado, o processo de captação explica o que o investigador está a fazer com a questão que está a ser estudada no presente. De acordo com Denzin (2001), a captação envolve os seguintes passos:

1. Obtenção de casos múltiplos e de histórias pessoais que encarnam o fenómeno em questão.

2. Localizar as crises e as epifanias da vida da pessoa estudada.

3. Obtenção de múltiplas histórias pessoais e pessoais dos sujeitos em questão relativamente ao tópico ou tópicos sob investigação (p. 74).

Ao efetuar a fase de captação desta investigação, comecei por situar o estudo na Assembleia Nacional, em Abuja, na Nigéria. Os participantes eram membros e funcionários da Câmara dos Representantes. Realizei 31 entrevistas aprofundadas face a face para captar o fenómeno a partir das histórias e testemunhos pessoais dos participantes. Como parte da captação do fenómeno, também realizei observações diretas sobre a forma como os representantes comunicam com os seus eleitores. A descrição pormenorizada deste processo, que se enquadrou nas três etapas de Denzin para captar o fenómeno, é apresentada mais adiante neste capítulo.

4. O fenómeno em perspetiva

Denzin (2001) descreve o bracketing como a retenção do fenómeno para uma inspeção séria, retirando-o do mundo onde ocorre. Nesta fase, o investigador disseca o fenómeno, definindo e escrutinando as suas estruturas essenciais e tratando o fenómeno como um texto. Denzin (2001) explica ainda que, nesta fase, o investigador não interpreta a situação que está a ser estudada em termos dos significados padrão que lhe são atribuídos na literatura existente, mas "o investigador confronta o assunto, tanto quanto possível, nos seus próprios termos" (p. 76). No fundo, o significado de um texto ou de um código depende da situação. Os contextos determinam e moldam os significados das palavras. O significado de uma palavra não reside nas pessoas; pelo contrário, baseia-se nos antecedentes, no ambiente e nas experiências das pessoas (Foss, Foss & Trapp, 2002). O objetivo desta etapa é assegurar que o investigador está livre de preconceitos passados sobre o fenómeno estudado.

Crawley (1999), citando Orbe, afirma que o bracketing está associado ao processo de tematização, e o objetivo final é determinar quais as partes da descrição que são essenciais para o fenómeno e quais as que não são. Denzin (2001) sugere os seguintes passos para o bracketing:

1. Localizar na experiência pessoal, ou na história de si próprio, frases e afirmações-chave que falem diretamente do fenómeno em questão.

2. Interpretar o significado destas frases, como um leitor informado.

3. Obter, se possível, a interpretação do sujeito para estas frases

4. Analisar estes significados pelo que revelam sobre as caraterísticas essenciais e recorrentes do fenómeno em estudo.

5. Oferecer uma declaração provisória, ou uma definição, do fenómeno em termos de caraterísticas recorrentes essenciais (p. 76).

Esta fase é um processo iterativo que envolveu a leitura e releitura das entrevistas transcritas várias vezes, a fim de destilar as partes essenciais e os temas que emergiram das histórias e testemunhos dos participantes. Ao fazer o bracketing do fenómeno, tal como sugerido por Denzin (2001), adoptei o processo de tematização. Este processo ajudou a organizar as experiências dos meus participantes em temas comuns e caraterísticas recorrentes, tal como captadas nas entrevistas em profundidade. Através da tematização, isolei frases-chave e experiências essenciais específicas dos meus participantes para uma análise mais aprofundada. As experiências isoladas tornaram-se então o meu objeto de interação ao longo do processo interpretativo. Utilizei os métodos de codificação por cores e um livro de códigos para isolar temas específicos identificados no meu processo de tematização. Isto foi feito para destacar grupos de descrições comuns, frases-chave e afirmações que descrevem a essência das experiências comunicativas dos participantes.

5. A construção do fenómeno

Nesta fase, o investigador reúne os elementos essenciais do objeto de estudo. Denzin (2001) afirma que o investigador classifica, ordena e volta a montar o fenómeno num todo coerente. O objetivo é recriar a experiência de uma forma que faça sentido para o leitor e mostre como cada elemento está relacionado entre si. Enquanto que o processo de delimitação desmonta o fenómeno, a construção volta a colocá-lo no lugar. Ao construir o fenómeno, o investigador "esforça-se por reunir as experiências vividas que se relacionam e definem o fenómeno em análise. O objetivo é encontrar as mesmas formas recorrentes de conduta, experiência e significado em todas elas" (Denzin, 2001, p. 79). Denzin afirma que a construção envolve o seguinte:

1. Enumerar os elementos entre parênteses do fenómeno.

2. Ordenar estes elementos à medida que ocorrem no processo ou na experiência.

3. Indicação da forma como cada elemento afecta e se relaciona com todos os outros elementos do processo em estudo.

4. Indicar de forma concisa como as estruturas e as partes do fenómeno se articulam numa totalidade (p. 78).

Nesta altura, comecei a reunir os temas essenciais que foram isolados na análise do fenómeno para responder às minhas perguntas de investigação. Concentrei-me nos três temas abrangentes identificados no processo de redução de temas na fase de agrupamento para iniciar o meu processo de interpretação da forma como cada elemento-chave identificado no agrupamento afecta e se junta aos outros para formar um todo coerente.

6. Contextualização do fenómeno

Esta é a última etapa do processo interpretativo, tal como é descrito por Denzin. Nesta fase, o investigador interpreta as estruturas e os temas essenciais que foram identificados a partir das perspectivas das pessoas que estão a ser estudadas. Denzin (2001) salienta que "a contextualização dá vida ao fenómeno no mundo dos indivíduos que interagem" (p. 79). Esta fase isola os significados do fenómeno para os participantes e apresenta-o nos seus termos, linguagem e emoções. O objetivo da contextualização é mostrar como as experiências dos participantes moldaram ou alteraram o fenómeno (Denzin, 2001).

Denzin aconselha que a contextualização envolva o seguinte processo:

1. Obtenção e apresentação de experiências pessoais e de histórias de si que incorporem, com todo o pormenor, as caraterísticas essenciais do fenómeno, tal como constituídas nas fases de delimitação e construção da interpretação.

2. Apresentação de histórias contrastantes, que iluminarão variações nas fases e formas do processo.

3. Indicar como as experiências vividas alteram e moldam as caraterísticas essenciais do processo.

4. Comparar e sintetizar os temas principais destas histórias para que as suas diferenças possam ser reunidas numa declaração reformulada do processo (p. 79).

Por último, Denzin (2001) argumenta que as seis etapas da abordagem interpretativa ajudam a focalizar melhor a questão em estudo. A contextualização clarifica o significado de uma experiência e estabelece as bases para a compreensão do fenómeno. Isto é feito através de uma descrição detalhada das ocorrências do fenómeno estudado no mundo natural de interação dos sujeitos. Neste estudo de campo, utilizei a descrição e a interpretação densas das experiências vividas pelos participantes, tal como captadas durante as entrevistas presenciais e as observações diretas, para dar vida aos significados das experiências vividas pelos participantes e do fenómeno estudado. Esta fase representa o auge da investigação que aponta para o que considerei ser a ferramenta TIC com mais potencial para comunicar com os constituintes, e isto representa a essência desta investigação.

Membros da Câmara dos Representantes da Nigéria

Os participantes neste estudo eram membros e funcionários da Câmara dos Representantes, Assembleia Nacional, Abuja, Nigéria. Todos os 360 deputados eram elegíveis para preencher o questionário de seleção utilizado para selecionar os participantes no estudo, 87 dos quais o fizeram. Os participantes na entrevista presencial foram selecionados entre os 87 deputados que preencheram e devolveram o questionário de seleção. Foram feitos esforços para garantir que os escolhidos para as entrevistas provinham de diferentes regiões geopolíticas da Nigéria; representavam diferentes partidos políticos e reflectiam também uma representação de género. Ver Quadro 1.3 para a distribuição dos participantes por regiões e partidos políticos.

Quadro 1.3 Participantes por região geopolítica, partido político e representação do género

<table>
<tr><th>Six-geo Região política</th><th>Número de representantes e de efectivos</th><th>Género</th><th>Partido político</th><th>Número de funcionários da Assembleia Nacional</th></tr>
<tr><td>Sudoeste</td><td>7</td><td>Homem: 4
Feminino: 3</td><td rowspan="6">Partido Democrático Popular (PDP): 24

Congresso de Ação da Nigéria (ACN): 4

Todos os povos da Nigéria
Partido (ANPP): 1</td><td rowspan="6">2</td></tr>
<tr><td>Sudeste</td><td>2</td><td>Homem: 2
Feminino: 0</td></tr>
<tr><td>Sul Sul</td><td>5</td><td>Masculino:5
Feminino: 0</td></tr>
<tr><td>Nordeste</td><td>3</td><td>Homem: 3
Feminino: 0</td></tr>
<tr><td>Noroeste</td><td>7</td><td>Masculino:6
Feminino: 1</td></tr>
<tr><td>Centro-Norte</td><td>5</td><td>Homem: 4
Feminino: 1</td></tr>
<tr><td>Total</td><td>29</td><td></td><td></td><td>2</td></tr>
</table>

Foi selecionado um grupo de conveniência de representantes e funcionários para as entrevistas aprofundadas presenciais a partir da lista de 87 inquiridos que preencheram e devolveram o questionário de seleção administrado a 250 representantes. No total, participaram no estudo 16 representantes e 15 membros do pessoal, o que eleva para 31 o número total de participantes na entrevista presencial (ver Quadro 3.1).

Como se pode ver no quadro acima, os participantes provinham das seis regiões geopolíticas da Nigéria e representavam os principais partidos políticos da Câmara dos Representantes. Trata-se de um grupo diversificado de pessoas que representam diferentes círculos eleitorais na Câmara dos Representantes. Alguns dos representantes eram de círculos eleitorais urbanos, como capitais de estado e grandes cidades, enquanto outros vinham de comunidades predominantemente rurais.

Recrutamento dos participantes

Visitei pessoalmente os gabinetes dos deputados para marcar uma reunião com cada representante. Também contactei alguns representantes por telefone para marcar as entrevistas. Além disso, foi utilizada uma abordagem de bola de neve no recrutamento de representantes para a entrevista presencial. Pedi aos representantes que consentiram em participar no estudo e que tinham sido entrevistados que me apresentassem aos seus colegas para participarem no estudo. Trochim e Donnelly (2008) explicam que, na abordagem de bola de neve, o investigador começa por identificar as pessoas que satisfazem os critérios de inclusão no estudo e depois pede-lhes que recomendem outras pessoas que conheçam e que também satisfaçam os critérios. Foi exatamente isso que fiz, o que me ajudou a recrutar mais participantes para o estudo de campo.

Métodos de recolha de dados

Instrumento de rastreio

Elaborei um questionário curto e simples para recolher informações demográficas sobre os representantes eleitos. O questionário foi utilizado para recolher informações sobre os tipos de ferramentas de comunicação disponíveis para os deputados, as respostas foram também utilizadas para determinar o interesse, selecionar os participantes quanto à sua região, sexo e filiação partidária, e recrutar participantes para as entrevistas aprofundadas presenciais. O questionário foi dividido em duas partes: a primeira parte continha sete perguntas demográficas, enquanto a segunda parte continha treze perguntas que se centravam na comunicação com os eleitores. Nove perguntas (8 - 16) na segunda parte do instrumento de seleção foram adoptadas de um estudo patrocinado pelo Banco Mundial sobre o Projeto das Legislaturas Africanas (ALP) realizado em 2009. Estas perguntas abordavam diretamente a questão das ferramentas de comunicação disponíveis para os representantes eleitos e o facto de terem ou não gabinetes nos círculos eleitorais.

O questionário da ALP contém mais de 400 itens. Utilizei apenas as perguntas sobre a "vida no círculo eleitoral". O estudo da ALP foi realizado pelo Centro de Investigação em Ciências Sociais, Unidade de Investigação sobre Democracia em África (DARU), Universidade da Cidade do Cabo, África do Sul. Foi obtida autorização por escrito dos coordenadores do ALP para adotar a parte relevante do seu inquérito para este estudo. Algumas das perguntas fechadas do questionário perguntavam aos representantes quando tinham sido eleitos pela primeira vez para a Assembleia Nacional, se tinham gabinetes nos seus círculos eleitorais nos seus estados e os tipos de ferramentas de comunicação que utilizavam nos seus gabinetes. Foi fornecida uma lista de ferramentas de comunicação, tais como telemóvel, correio eletrónico, sítio Web e cartas, a partir da qual os participantes foram convidados a escolher, bem como uma categoria de resposta para qual das ferramentas de comunicação é frequentemente utilizada. Além disso, foram colocadas questões sobre a frequência com que os participantes comunicam com os seus eleitores, se todos os dias, todas as semanas ou todos os meses (ver Anexo para uma cópia do questionário).

Entrevistas abertas e aprofundadas

Para captar o fenómeno, recorri a entrevistas conversacionais face a face, em profundidade e abertas. Denzin e Lincoln (2008) afirmam que a entrevista é uma das formas mais comuns e poderosas de tentarmos compreender os nossos semelhantes. Van Manen (1990) observa que a entrevista serve diferentes objectivos na investigação científica, mas no estudo fenomenológico hermenêutico, a entrevista serve objectivos específicos. Van Manen (1990) defende que a entrevista pode ser utilizada como:

1. um meio de explorar e recolher material narrativo experimental que possa servir de recurso para desenvolver uma compreensão mais rica e profunda de um fenómeno humano, e

2. como um veículo para desenvolver uma relação de conversação com um parceiro (participante) sobre o significado de uma experiência. (p. 66).

Denzin (2001) argumenta que a utilização de entrevistas abertas pressupõe que os significados, a compreensão e as interpretações não podem ser padronizados ou obtidos através de um questionário formal de escolha fixa. Sugere que o investigador deve possuir competências específicas na arte de fazer perguntas e de ouvir. O processo de entrevista aprofundada deve ser conversacional, no qual duas ou mais pessoas partilham criativa e abertamente experiências umas com as outras, numa procura mútua de uma maior compreensão de si próprias (Denzin, 2001). A entrevista em profundidade permite ao investigador entrar nas perspectivas da outra pessoa com o objetivo de obter uma compreensão mais profunda do fenómeno estudado.

Neste estudo, realizei 31 entrevistas pessoais e aprofundadas com os representantes e o pessoal da Câmara dos Representantes da Nigéria. As entrevistas seguiram o protocolo desenvolvido para garantir a coerência do processo de entrevista. O protocolo de entrevista consistia em seis perguntas abertas que foram feitas para explorar as experiências comunicativas dos representantes. No protocolo, as perguntas 1 e 2 eram as perguntas-âncora do estudo, enquanto as restantes quatro perguntas eram feitas para explorar melhor o fenómeno em estudo. As perguntas da entrevista foram as seguintes:

1. Pode descrever a forma como normalmente comunica com os seus eleitores?
2. Que instrumento(s) de comunicação utiliza frequentemente para comunicar com os seus eleitores e como está a ser utilizado?
3. Descreva o principal objetivo da comunicação entre si e os seus eleitores.
4. Quais são os impactos das ferramentas TIC no seu processo de comunicação e nos programas de sensibilização dos eleitores?
5. Dispõe de um plano/estratégia de comunicação para o seu serviço? Em caso afirmativo, descreva as várias componentes da sua estratégia de comunicação.
6. Quais são os problemas/desafios que enfrentou na comunicação com os seus eleitores e quais são, na sua opinião, as possíveis soluções para os problemas ou formas de melhorar a comunicação entre os representantes e os seus eleitores?

Observação direta

Trochim e Donnelly (2008) definem a observação direta como o "processo de observação de um fenómeno para recolher informações sobre ele" (p. 146). Neste caso, o investigador observa em vez de participar ativamente no fenómeno que está a ser estudado.

observado. Trochim e Donnelly (2008) explicam que o observador direto deve esforçar-se por se manter o mais discreto possível, a fim de não enviesar as observações. Para efeitos do presente estudo, a observação direta foi realizada durante um mês. Durante este período, observei várias interações entre os representantes e o seu pessoal e o processo de comunicação entre eles, assistindo às reuniões das comissões, às sessões plenárias da Câmara dos Representantes e observando e tomando notas enquanto aguardava a marcação das minhas entrevistas com os representantes.

Procedimentos

Este estudo de campo foi realizado na Nigéria entre 4 de maio e 10 de junho de 2010. O estudo foi aprovado pelo IRB da Universidade Robert Morris. Solicitei e obtive uma carta de apoio do funcionário da Câmara dos Representantes da Nigéria para realizar o estudo de campo com os representantes entre maio e julho de 2010. A autorização foi concedida em 1 de março de 2010.

Recrutei um funcionário sénior da Câmara dos Representantes que se ofereceu para ser meu assistente. Ele ajudou-me a aplicar o questionário em papel e caneta e facilitou a marcação de reuniões para as entrevistas individuais com os deputados e o seu pessoal. O questionário em papel e caneta foi aplicado pessoalmente a 250 deputados entre 4 de maio e 10 de junho de 2010 em Abuja, Território da Capital Federal da Nigéria. Dos 87 questionários que foram devolvidos, 65 foram preenchidos pelos representantes, enquanto os restantes 22 foram preenchidos pelo pessoal dos representantes em seu nome.

Após a conclusão e recolha dos questionários, foram agendadas e realizadas entrevistas individuais com os membros e funcionários da Câmara dos Representantes (AR) interessados. O recrutamento dos participantes para as entrevistas foi efectuado com base na lista de deputados que responderam ao questionário e que ainda estavam interessados em continuar a participar no estudo. Todas as entrevistas foram realizadas entre 19 de maio e 10 de junho de 2010. No total, foram efectuadas trinta e uma entrevistas durante o estudo de campo, das quais 26 foram realizadas nos escritórios dos membros em Abuja e as restantes cinco entrevistas foram realizadas nas suas residências em Abuja. Cada sessão de entrevista (com um representante ou com o pessoal) durou entre vinte e quarenta e cinco minutos. Durante a entrevista, os participantes tiveram a liberdade de alargar as suas experiências a questões relacionadas, utilizando ilustrações práticas, testemunhos e anedotas para explicar os seus pontos de vista.

Cada deputado foi entrevistado uma vez, e foi realizada uma entrevista separada com o assessor legislativo sénior do deputado, a fim de obter as perspectivas do pessoal sobre o fenómeno em estudo. Ao criar um ambiente que permite ir além das respostas diretas às perguntas da entrevista, os representantes e o seu pessoal participaram na recolha de dados como participantes activos. O ambiente propício que prevaleceu durante as sessões de entrevista, juntamente com a minha relação pessoal com alguns dos representantes e funcionários, garantiu a confiança e o respeito mútuos entre mim e os participantes durante todo o processo de recolha de dados. Denzin e Lincoln (2008) explicam que a conquista da confiança dos participantes é essencial para o êxito das entrevistas. Além disso, como o objetivo da entrevista aberta é a compreensão, "é fundamental estabelecer uma relação com os inquiridos" (Denzin e Lincoln, 2008, p. 132). A atmosfera amigável e calma que prevaleceu durante as entrevistas assegurou uma interação de conversação entre mim e os participantes.

Também fiz observação direta dos participantes durante o estudo de campo. Esta experiência permitiu-me obter informações em primeira mão sobre as actividades comunicativas dos participantes. Enquanto aguardava a marcação das minhas entrevistas, observei as interações comunicativas entre os membros e o seu pessoal e os instrumentos de comunicação que estavam a ser utilizados. As minhas observações foram registadas no meu caderno de campo. Durante as sessões de entrevista, observei também que alguns representantes e funcionários recebiam chamadas telefónicas dos seus eleitores ou do pessoal do círculo eleitoral a meio das entrevistas. Além disso, assisti a várias reuniões de comissões, reuniões de subcomissões (como observador) e às sessões plenárias da Câmara como parte do processo de observação direta. A dinâmica destas interações e os artefactos de comunicação foram observados e documentados nas minhas notas de campo durante todo o processo de recolha de dados. As informações registadas nas minhas notas de campo durante a observação direta enriqueceram a minha recolha de dados e a minha interpretação do fenómeno.

Registo de dados

Todas as entrevistas foram gravadas em cassete e transcritas literalmente por mim. A gravação das entrevistas assegurou que eu captasse a linguagem e o tom exactos utilizados pelos participantes para descrever as suas experiências vividas.

Análise de dados

Foi utilizada uma abordagem interpretativa para investigar este fenómeno, tal como referi no início deste capítulo. Por conseguinte, a minha estratégia de análise de dados seguiu os passos sugeridos por Denzin (2001) para o processo interpretativo. No processo interpretativo em seis etapas de Denzin, utilizado para este estudo, o bracketing, a construção e a contextualização do fenómeno tratam do processo de análise de dados. Enquanto o bracketing é o processo de tematização e categorização das partes essenciais das experiências vividas pelos participantes, tal como expliquei anteriormente neste capítulo, a construção lida com o processo de juntar estas partes essenciais, uma vez que cada parte se relaciona com o todo (fenómeno) para recriar as experiências vividas. E, finalmente, a contextualização dá vida ao fenómeno nos mundos dos indivíduos que interagem (Denzin, 2001). Foi na fase de contextualização que juntei tudo o que aprendi sobre o fenómeno através do bracketing e o enquadrei no mundo social onde ocorreu. Utilizei o processo de descrição e interpretação espessas para interpretar os relatos detalhados do fenómeno a partir das experiências dos participantes. A contextualização do fenómeno representa a essência desta investigação. O processo de interpretação espessa que adoptei nesta fase oferece percepções fundamentais, significados profundos e compreensão da utilização e do impacto das novas tecnologias no processo de comunicação entre os representantes eleitos e os seus eleitores na Nigéria.

Finalmente, a abordagem interpretativa permitiu-me responder às minhas perguntas de investigação e oferecer uma visão profunda dos tipos de ferramentas TIC utilizadas pelos representantes na Nigéria na comunicação com os seus eleitores. Este processo também me ajudou a desenvolver um conjunto de estratégias e/ou diretrizes de comunicação para os representantes eleitos na Nigéria, a fim de melhorar e facilitar uma comunicação eficaz entre os cidadãos e os membros da Câmara dos Representantes. O capítulo quatro centrou-se na análise do fenómeno, que isolou conceitos-chave, afirmações essenciais e temas principais que representam as caraterísticas recorrentes do fenómeno.

Capítulo 4

Tematização das experiências comunicativas

No capítulo três, expliquei a minha abordagem de investigação e descrevi como as experiências de comunicação dos representantes eleitos na Nigéria foram captadas através de entrevistas aprofundadas e observação direta. Todos os esforços de investigação se centraram na avaliação das ferramentas das Tecnologias da Informação e da Comunicação (TIC) utilizadas pelos representantes para comunicar com os seus eleitores na Nigéria. Tal como explicado no Capítulo Três, escolhi a abordagem interpretativa em seis etapas de Denzin (2001) para estruturar a minha recolha de dados e a análise deste fenómeno, e a captação do fenómeno é um passo importante na abordagem interpretativa em seis etapas de Denzin. O processo de captação explica em pormenor como foram recolhidas as histórias pessoais e pessoais das experiências vividas dos participantes e através de que procedimento.

Ao utilizar a abordagem interpretativa em seis etapas de Denzin, considerei a interpretação de Crawley (1999) do processo muito útil para explicar a forma como adoptei a abordagem de Denzin. Por conseguinte, na minha aplicação da abordagem de Denzin, alinhei a minha interpretação do processo interpretativo em seis etapas com a de Crawley. Esta abordagem explica como reproduzi cada etapa do processo neste estudo. Na sua interpretação do processo de seis passos de Denzin, Crawley (1999) chama "enquadrar a questão de investigação" à "questão de investigação"; chama "desconstrução" à "revisão da literatura relevante"; "captura" à "metodologia"; e chama "agrupamento" à "Tematização". Finalmente, combinou o processo de "construção e contextualização" e chamou-lhe "interpretação de experiências".

Quadro 2.4 Abordagem interpretativa em seis etapas de Denzin (2001), tal como adoptada por Crawley (1999)

Processo interpretativo em seis etapas de Denzin (2001)		A interpretação de Crawley (1999)
1.	Enquadramento da pergunta de investigação	A questão de investigação
2.	Desconstruir as concepções anteriores do Fenómeno	Revisão da literatura relevante
3.	Capturar o fenómeno	Metodologia
4.	O fenómeno em perspetiva	Tematizando as experiências vividas
5.	A construção do fenómeno	Interpretação de experiências

6.	Contextualização do fenómeno	

Do mesmo modo, utilizei os nomes de Crawley para cada uma das seis etapas de Denzin ao longo desta investigação. Por exemplo, Denzin designa o processo de concetualização e identificação da questão de investigação como "Enquadrar a questão de investigação", enquanto eu lhe chamei "A questão de investigação". O segundo passo do processo de Denzin chama-se "Desconstrução de concepções prévias do fenómeno", mas eu chamo-lhe "Revisão da literatura". O processo de obtenção das experiências vividas dos participantes foi designado por "Capturar o fenómeno" por Denzin e eu designei-o por "Metodologia". Na secção de metodologia, expliquei os métodos que utilizei para captar as experiências vividas dos participantes. Obtive 111 páginas de entrevistas transcritas da descrição das experiências vividas pelos meus participantes. No Capítulo Quatro, explico a aplicação do quarto passo de Denzin no processo interpretativo, chamado "Bracketing the phenomenon", a que chamei "Thematizing the Communicative Experiences". Ainda seguindo a interpretação de Crawley (1999) da abordagem de Denzin, combinei o quinto passo "Construir o fenómeno" com o sexto "Contextualizar o fenómeno" e descrevi-os como "Interpretar as experiências de comunicação".

Na continuação da abordagem de Denzin, o Capítulo Quatro deste estudo centra-se na análise do fenómeno. O bracketing foi descrito no Capítulo Três como o processo de manter o fenómeno para inspeção, desmontando-o e dissecando as suas estruturas essenciais para obter significados não contextuais. Seguindo os passos de Denzin para a análise, o primeiro passo é localizar nas experiências pessoais dos participantes, ou histórias, frases-chave ou afirmações que falem diretamente do fenómeno em estudo. Para o fazer, revi cada entrevista transcrita, procurando temas que captassem as experiências comunicativas dos meus participantes. Este processo implica ir e voltar às transcrições, identificar os principais temas ou caraterísticas recorrentes do fenómeno e isolar as frases-chave utilizadas pelos participantes para descrever as suas experiências comunicativas como representantes. A análise de parênteses é um processo iterativo de leitura repetida das transcrições das entrevistas, em busca de conceitos recorrentes e frases-chave que captem a essência do fenómeno.

Ao realizar o primeiro passo na delimitação do fenómeno, tal como sugerido por Denzin (2001), adoptei o processo de tematização. Este processo ajudou a organizar as experiências dos meus participantes em temas comuns e caraterísticas recorrentes, tal como captadas nas entrevistas em profundidade. Crawley (1999), citando Orbe, afirma que "a tematização representa um conjunto de descrições que têm o potencial de serem correlacionadas de modo a revelar as estruturas essenciais do fenómeno" (p. 70). Através deste processo, consegui isolar frases-chave e experiências essenciais específicas dos meus participantes para uma análise mais aprofundada. Por exemplo, um participante descreveu a sua experiência comunicativa da seguinte forma: "[a] melhor estratégia de comunicação continua a ser o face-a-face. ... Ver-nos fisicamente, observar-nos a nós e nós a eles, o nosso comportamento e a conversa um a um é o melhor. Não se pode prescindir disso (R2-101)". As experiências isoladas tornaram-se então o meu objeto de interação nas etapas seguintes da minha análise de dados. Utilizei os métodos de código de cores e um livro de códigos para isolar temas específicos identificados no meu processo de tematização. A codificação por cores significa simplesmente colorir um tema específico identificado com uma cor semelhante em todas as transcrições. Por exemplo, sempre que lia uma afirmação sobre a utilização do telemóvel em qualquer uma das transcrições, destacava a afirmação a amarelo. Por outro lado, um livro de códigos é onde registei cada tema ou afirmação identificada com o número de identificação do participante correspondente e o número da linha onde a afirmação pode ser localizada na transcrição. O livro de códigos foi utilizado para escrever notas pessoais para mim próprio sobre cada tema.

Estes dois métodos foram utilizados para destacar grupos de descrições, frases-chave e afirmações comuns. Isolei estes grupos com códigos de cores nas transcrições e também registei cada tema identificado num livro de códigos. Para além de destacar afirmações e frases-chave nas transcrições, escrevi pequenas notas na margem indicando o tema ou ponto de interesse no texto codificado por cores. King e Horrocks (2010) definem os temas como "caraterísticas recorrentes e distintivas dos relatos dos participantes, caracterizando percepções e/ou experiências particulares, que o investigador considera relevantes para as questões de investigação" (p. 150). A identificação dos temas é um processo recursivo que envolveu a leitura e releitura das transcrições das entrevistas, agrupando e reagrupando frases-chave e afirmações importantes em temas apropriados.

Para facilitar a referência e a clareza, as principais declarações e descrições dos participantes são identificadas por uma letra e um conjunto de números, que aparece entre parênteses a seguir às declarações. A letra representa a posição dos participantes, quer como representantes, quer como funcionários. Além disso, um segundo número, seguido de um hífen, representa o número da linha da transcrição de onde a declaração foi extraída. Por exemplo, uma declaração seguida de (R5-200) indica que a declaração foi uma citação direta feita pelo representante número cinco, e pode ser localizada na linha 200 das transcrições. As transcrições foram organizadas de acordo com a categoria dos participantes, começando com as transcrições 1-16 que representam os representantes e 17-31 para os funcionários. A letra "R" representa o representante e a letra "S" representa o pessoal.

Os dez temas essenciais

Com base na análise consciencioso das transcrições de 31 participantes, dez temas foram identificados como essenciais para as experiências comunicativas dos meus participantes. São eles: Cara a cara, Gabinete do Eleitor, Visita ao Eleitor, E-mails, Telemóvel, Mensagens de Texto, Infra-estruturas Inadequadas, Pobreza, Falta de Compreensão das Funções de um Legislador, e Comunicar com os eleitores não é um fardo. Abaixo estão os dez temas iniciais com as declarações ou frases-chave dos participantes que os descreveram.

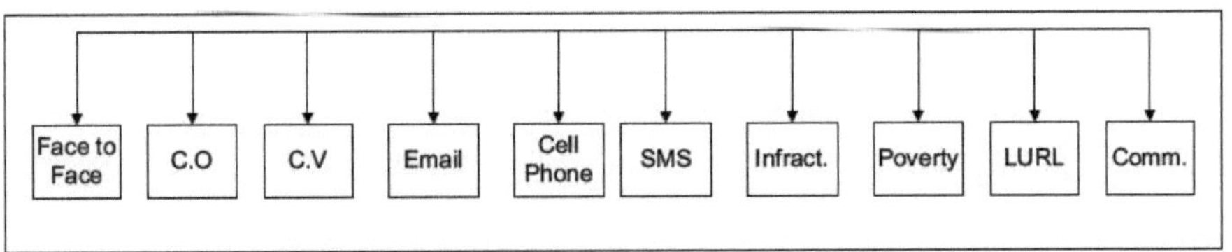

Figura 4.4 Os dez temas essenciais

1) Cara a cara 2) C.O. = Gabinete do círculo eleitoral 3) C.V. = Constituency Visits 4) E-mail 5) Telemóvel 6) Mensagens de texto 7) Infra-estruturas inadequadas 8) Pobreza 9) Falta de compreensão das funções do legislador 10) A comunicação com os eleitores não é um fardo

Cara a cara

A comunicação face a face implica interações pessoais entre os representantes e os eleitores individuais relativamente às preocupações dos cidadãos, problemas da comunidade ou questões políticas. Esta comunicação tem lugar em reuniões públicas (por exemplo, reuniões da câmara municipal), horas de expediente, reuniões com grupos de interesse e reuniões com líderes comunitários. Inclui também visitas a escolas ou locais públicos e outras formas de interação interpessoal que proporcionam aos representantes a oportunidade de comunicar cara a cara com os cidadãos.

--Se tiver a oportunidade de estabelecer contactos pessoais, essa é a melhor forma de comunicação com as pessoas (R1-76).

--A melhor estratégia de comunicação continua a ser o contacto direto. ...Vê-lo fisicamente, observá-lo a si e você a eles, o seu comportamento, e a conversa um a um é o melhor. Não se pode prescindir disso (R2-101).

-A interação pessoal ou cara a cara é a principal ferramenta de comunicação que utilizo para comunicar com os meus eleitores. Também me telefonaram muitas vezes, mas sei que vejo mais pessoas individualmente quando vou a casa do que o número de pessoas que me telefonaram (R3-155).

--Não dispomos de grandes infra-estruturas de tecnologias da informação e da comunicação na minha região. A ferramenta básica de comunicação é o contacto direto (R6-456).

--A ferramenta de comunicação mais utilizada neste gabinete é o contacto direto. Ao encontrar-se com os eleitores cara a cara, tem a oportunidade de ler a linguagem corporal das pessoas com quem está a falar (R12-783).

--A forma mais eficaz de comunicar com as pessoas é o contacto pessoal (R9- 619).

--Tento ir ao meu círculo eleitoral todos os fins-de-semana, precisamente todos os sábados estou no meu círculo eleitoral para me encontrar com as pessoas, para responder às perguntas e aos esclarecimentos das pessoas (R14 - 899).

-A minha estratégia é multifacetada, no sentido em que utilizo o partido e utilizo o contacto pessoal.

Desde a minha eleição, fui 35 vezes ao meu círculo eleitoral, o que significa que me disponibilizei o mais possível para os meus eleitores, a um custo muito elevado, mas continuo a fazê-lo, porque sei que o meu trabalho consiste em garantir que os meus eleitores falem comigo, e eu falo com eles, e que eles me compreendam e eu os compreenda (R15-986).

--Vou a casa para analisar as questões críticas e, se possível, falar com as pessoas envolvidas. Podemos convidar essas pessoas a virem ao nosso gabinete para discutirmos pessoalmente com elas. É isso que fazemos mensalmente, para além de viajarmos para casa todos os fins-de-semana (R16-1118).

--Quando precisamos de comunicar com os nossos constituintes, temos o "Meet your Constituents", que é normalmente uma reunião trimestral de todos os constituintes e em que abordamos questões actuais (S19-1353).

--Utilizamos as reuniões, nomeadamente as reuniões quase todas as semanas, porque como membro representante de três autarquias locais, o meu chefe está sempre presente todos os fins-de-semana para reunir com as pessoas individualmente (S28-2157).

Gabinete do círculo eleitoral

Os deputados dispõem de gabinetes de representação situados nos seus círculos eleitorais.

Os gabinetes dos círculos eleitorais são pontos de contacto para os representantes e servem de ligação entre os representantes e os cidadãos. Os funcionários do gabinete do círculo eleitoral representam os interesses do seu representante e são frequentemente o primeiro ponto de contacto entre o representante e os cidadãos. O gabinete do círculo eleitoral é o canal através do qual os representantes prestam assistência aos eleitores nas suas relações com as agências governamentais, questões comunitárias e problemas pessoais. Além disso, o gabinete do círculo eleitoral também serve de "centro" de comunicação entre os representantes e os eleitores.

--Tenho agentes do círculo eleitoral residentes no círculo eleitoral e também tenho um assistente legislativo que fica comigo, todos eles fazem parte dos meus canais de comunicação (R1-40).

--Tenho pessoal do círculo eleitoral que trabalhou com as pessoas do meu círculo eleitoral. Por vezes, eles vêm e eu posso ir a casa encontrar-me com eles (R2-118).

-A primeira linha de comunicação é a nível dos círculos eleitorais, onde tenho um funcionário por cada governo local, que recebe as cartas e os pedidos e trata das questões que surgem de cada governo local (R3-181).

--De facto, para alargar o meu modo de comunicação e acessibilidade, aumentei o número de gabinetes nos meus círculos eleitorais. Criei um gabinete de ligação em cada uma das autarquias locais que representei para facilitar a comunicação com os meus eleitores (R5-353).

-Outro instrumento de comunicação é o meu gabinete no círculo eleitoral. Tenho um gabinete no círculo eleitoral; há pessoas que não conseguem contactar-me imediatamente. Por isso, podem dirigir-se ao gabinete do círculo eleitoral e apresentar as suas queixas ou deixar-me mensagens no gabinete do círculo eleitoral (R7-511).

--Tenho um gabinete no círculo eleitoral e tenho representantes ao nível do círculo eleitoral. Tenho 2 governos locais. Tenho pelo menos um representante em cada distrito que ouve as queixas quando eu não estou presente e que me comunica as queixas por telefone ou por escrito (R9-621).

--No meu círculo eleitoral, temos gabinetes com caixas de sugestões onde os membros do círculo eleitoral, se tiverem algum problema ou alguma questão que queiram saber, se dirigem aos gabinetes do círculo eleitoral e deixam uma mensagem para mim, que a transmito através da minha secretária para o meu gabinete (R14-901).

-A comunicação entre mim e os meus eleitores processa-se normalmente a três níveis: o primeiro nível é o gabinete do meu círculo eleitoral, o segundo nível é o partido e o terceiro nível é a nível do conselho da administração local (R15-940).

--Se quisermos escolher um telemóvel, pode ser difícil separá-lo do gabinete do círculo eleitoral, porque muitas vezes ligamos a alguém no gabinete do círculo eleitoral para podermos divulgar informações a uma população maior. Por isso, usamos o telemóvel para contactar o gabinete do círculo eleitoral (S18-260).

--Dependendo das questões, outros métodos de comunicação incluem a utilização do gabinete do círculo eleitoral. Temos o gabinete do círculo eleitoral.... O gabinete do círculo eleitoral está normalmente aberto para que os eleitores possam vir e receber todas as informações de que necessitam (S19-1362).

--A Internet não está amplamente disponível no nosso círculo eleitoral. Mas temos um funcionário em cada um dos gabinetes do círculo eleitoral. Temos três gabinetes de círculo eleitoral, porque servimos três áreas da administração local (S20-1404).

-Mas, de um modo geral, é mais fácil para a Senhora Deputada comunicar com o pessoal do seu círculo eleitoral, e o pessoal fará chegar a informação às pessoas na base (S21-1526).

--O nosso funcionário do círculo eleitoral é muito importante... se houver alguma reunião que precise da presença do meu Oga (chefe) e ele não puder estar presente, o funcionário do círculo eleitoral vai lá representá-lo (S26-2038).

Visita ao círculo eleitoral

Os representantes deslocam-se regularmente aos seus círculos eleitorais todas as semanas, quinzenalmente ou mensalmente, consoante os horários individuais. Durante este período, os representantes realizam reuniões com os cidadãos e com diferentes grupos de interesse. As reuniões podem realizar-se nos gabinetes dos seus círculos eleitorais ou noutros locais designados, tais como uma reunião municipal, uma reunião com governantes tradicionais, sindicatos, estudantes, mulheres do mercado ou outros organismos profissionais. As visitas aos círculos eleitorais dão aos representantes a oportunidade de comunicarem com as pessoas, de avaliarem as opiniões dos cidadãos sobre questões públicas e de sentirem as suas frustrações. Além disso, as visitas aos círculos eleitorais dão aos representantes eleitos um feedback sobre o seu desempenho no cargo. Muitas vezes, os representantes fazem visitas a projectos governamentais em curso nos seus círculos eleitorais, a fim de se associarem a esses projectos ou de verificarem o nível de financiamento dos mesmos. --O gabinete do meu círculo eleitoral organiza ocasionalmente excursões ou visitas a todas as aldeias e chefes de distrito para falar com eles, ouvi-los e reunir-se com os grupos de mulheres e de jovens. Há sempre uma espécie de interação. Quando vou, digo-lhes que não estou aqui para fazer campanha, mas quero descobrir o que estamos a fazer bem ou o que estamos a fazer mal e que temos de melhorar (R1-89).

--O telefone não lhe dirá certas coisas que precisa de ver pessoalmente, por isso tem de visitar o seu círculo eleitoral. Mesmo quando se tem lá pessoas muito fiáveis, também é preciso fazer uma avaliação no local (R2-138).

--Quando vou à aldeia, a minha casa está aberta, não tenho segurança e qualquer pessoa pode vir, desde que eu esteja em casa e, por vezes, vejo pessoas até às 3 da manhã, e fico cá fora quando elas vêm, atendo-as e aos seus problemas (R3-159).

-Mas o bom é que estou sempre em casa todos os fins-de-semana, o que resolve muito bem o problema da comunicação, e é por isso que quase não recebo visitas aqui em Abuja (R5-384).

--A visita frequente ao meu círculo eleitoral, a visita mensal ao seu círculo eleitoral para ver ou detetar problemas, impedimentos, clivagens nas diferentes áreas que compõem o seu círculo eleitoral é uma das ferramentas muito eficientes e eficazes de comunicação com os seus eleitores (R8-583).

--Tento ir ao meu círculo eleitoral todos os fins-de-semana, precisamente todos os sábados, estou no círculo eleitoral para responder às perguntas e esclarecimentos dos meus cidadãos, se necessário. E tentamos relacionar-nos muito bem, porque tentamos dar-lhes uma atualização do que está realmente a acontecer na Assembleia Nacional (R14-904).

--Quando vou aos círculos eleitorais, permito que qualquer eleitor que me queira ver tenha três ou cinco minutos, por vezes até 20 minutos de conversa comigo, se tiver questões importantes para discutir. Se for um grupo, até uma hora. Alguns deles organizam-se em grupos, em sociedades e em clubes. Alguns são reformados, alguns são professores no ativo, alguns são estudantes sem emprego, alguns são estudantes que se formaram nas universidades e ainda não foram para o Corpo Nacional de Serviço Juvenil. Alguns estão no Corpo de Jovens à procura de emprego e vêm contactar-me para ver em que áreas posso colaborar com eles para garantir que conseguem emprego depois do programa de serviço para jovens (R15- 950).

--Mas, para além disso, utilizamos aquilo a que chamamos "cirurgias locais". O meu colega vai a casa com muita, muita frequência, por isso, e eu lembro-me de que, de cada vez que vamos a casa, estamos sempre numa grande assembleia de pessoas, em casa dele ou onde quer que seja, há sempre pessoas lá, é sempre uma reunião ou outra, reunião aqui, reunião ali (S20-1487).

E-mails

O correio eletrónico é um método de troca de mensagens por via eletrónica da fonte (remetente) para um ou mais destinatários através da Internet. Os destinatários recebem a(s) mensagem(ns) instantaneamente se o remetente e os destinatários estiverem online ao mesmo tempo. Por outro lado, as mensagens podem ser armazenadas na pasta de mensagens do destinatário até serem recuperadas quando lhe for conveniente. Os factores críticos para a utilização do correio eletrónico como meio de comunicação são: o acesso ao computador, a ligação à Internet e a literacia informática tanto do remetente como dos destinatários. Os participantes descreveram as suas experiências de comunicação com o correio eletrónico da seguinte forma - **Eles** (os meus eleitores) também me enviam mensagens de correio eletrónico; eu acedo ao meu correio eletrónico regularmente. Podem enviar-me e-mails a partir do gabinete do meu círculo eleitoral (R2-116).

--Quando é necessário assinar documentos, quando é necessário estudar documentos, utilizamos também o correio eletrónico; é outra ferramenta importante que utilizamos (S19-1345).

--Por exemplo, o meu colega conseguiu a aprovação para a instalação de um cibercafé na minha comunidade, o que, em nossa opinião, contribuirá muito para melhorar a comunicação entre nós e a população (S20-1485).

--Ainda usamos o correio eletrónico, mas temos tendência a descobrir que o correio eletrónico é entre nós e o gabinete do círculo eleitoral ou apenas uma ou duas organizações, porque, na verdade, o correio eletrónico não teve tanto impacto na população nigeriana como gostaríamos (S22-1670).

--Recebemos mais mensagens electrónicas dos jovens, que, se reparar na Nigéria, são os que frequentam o cibercafé. São eles que realmente se esforçam por nos enviar e-mails e falar connosco em linha (S22-1657).

--Utilizamos a Internet com muita frequência neste gabinete. Queria mencionar o e-mail da outra vez... mas, no que se refere à comunicação com o eleitorado, nem sempre é necessário usar o e-mail, exceto para algumas pessoas. Na maioria dos casos, usamo-lo com o pessoal do nosso eleitorado em Lagos (S23-1868).

--O nosso círculo eleitoral é maioritariamente urbano; não há zonas rurais. A Senhora Deputada disponibilizou o seu endereço eletrónico aos eleitores e lançou também o seu sítio Web. As pessoas têm visitado o sítio e nós temos recebido reacções das pessoas. E isto reduziu efetivamente o tráfego no nosso gabinete, pois antigamente vinham muitas pessoas. Mas agora, com a utilização da Internet, tem havido comunicação entre alguns eleitores e o nosso gabinete (S24-1920).

--Dispomos de ligação à Internet em Abuja e nos escritórios do nosso círculo eleitoral. As pessoas podem contactar-nos por correio eletrónico e o Sr. Deputado tem um sítio Web pessoal (S26-2055).

-Por exemplo, se quisermos transmitir documentos ou volumes, textos ou discursos, podemos fazê-lo através da Internet. Basta-me enviar um documento para o gabinete pessoal do Senhor Deputado

O assistente no nosso círculo eleitoral, normalmente, teria vindo a Abuja para o recolher, mas devido à facilidade de acesso à Internet na administração local, podemos enviar esses documentos (S29-2283).

-Em grande medida, diria mesmo que estamos um pouco avançados neste gabinete porque, para além do acesso que temos à Internet por parte da Assembleia Nacional, temos os nossos próprios meios alternativos e comunicamos muito pela Internet com os nossos eleitores (S30- 2325)

Telemóvel

O telemóvel, também conhecido por GSM (Global System for Mobile Communications), ou telemóvel, permite a comunicação entre pessoas de diferentes áreas geográficas. Para que a comunicação com o telemóvel seja possível, os indivíduos têm de estar dentro das redes de fornecedores de serviços específicos. O telemóvel, vulgarmente conhecido como GSM na Nigéria, foi introduzido no país em 2001, quando o governo licenciou três redes GSM para fornecerem serviços de telefonia móvel. Desde 2001, o sector das telecomunicações da Nigéria continua a ser um dos mercados de crescimento mais rápido em África e o telemóvel tornou-se um método de comunicação omnipresente na Nigéria. Este facto é atestado pelas experiências vividas pelos participantes neste estudo:

-O telemóvel é a melhor opção porque não temos linhas terrestres.... Por isso, a melhor maneira de me contactar e de eu me contactar é através do meu telemóvel (R1-4).

--Quando comunico com os membros do meu círculo eleitoral, falo mais com eles por telefone. Faço reuniões por conferência telefónica com eles quando não posso ir a casa. Telefonei-lhes e eles puseram o telefone do altifalante para que eu pudesse falar com as pessoas (R2-96).

--O telemóvel é a ferramenta mais frequentemente utilizada para comunicar com os meus eleitores. É muito eficaz, na medida em que, nesta era das TI, não há nenhuma parte do meu círculo eleitoral que não tenha cobertura do sistema de telecomunicações (R5-326).

-- Utilizo o telemóvel todos os dias para comunicar com as pessoas e com os funcionários do meu círculo eleitoral (R6-445).

--O telemóvel é a ferramenta mais utilizada para comunicar com os membros do meu círculo eleitoral. É fácil para mim contactá-los e para eles contactarem-me através do telemóvel (R6-441).

-O telemóvel é o meio que utilizo para comunicar sobretudo com os membros do meu círculo eleitoral. Tem sido muito eficaz porque, na maioria dos casos, recebo sempre chamadas no meu telemóvel (R-7-503).

--Essencialmente, utilizei dois ou três instrumentos de comunicação. Em primeiro lugar, o meu telefone está aberto 24 horas por dia e quase seis em cada dez pessoas que se encontram no meu círculo eleitoral sabem o meu número de telefone, telefonam-me e enviam mensagens de texto (R9-614).

-Existem muitos canais, mas um deles é o telefone, que é o mais eficaz atualmente (R10-652).

-Eu abro as minhas linhas, não os deixo à espera 24 horas por dia e por noite para que eles possam comunicar e falar comigo (R11-691).

--O telemóvel é a ferramenta de comunicação mais utilizada por mim para comunicar com os meus eleitores.

É fácil e rápido (R13-842).

-A maior parte da nossa comunicação é feita através do telemóvel neste gabinete. Nesta era do GSM, este tornou-se um verdadeiro instrumento de comunicação com os nossos eleitores, porque estas redes estão espalhadas por todo o país. No meu círculo eleitoral, temos várias redes como a MTN, a GLO e outras, pelo que é muito fácil para nós comunicar com eles diariamente. Podemos telefonar-lhes, eles podem telefonar-nos ou enviar-nos mensagens de texto (R16-1065).

--Utilizamos o telemóvel para contactar muitas pessoas de vez em quando. Mas, do meu ponto de vista e de acordo com a minha experiência específica, não engendramos essas chamadas, muitas vezes, quando têm uma reunião, telefonam-nos e, provavelmente, nós telefonamos de volta e damos-lhes a nossa opinião ou a nossa posição sobre o assunto (S18-1274).

--Utilizamos sobretudo o GSM - que é o telemóvel - para comunicar com os nossos eleitores (S19-1343).

--A utilização do telefone tem sido bastante eficaz. Com o advento dos telemóveis e a expansão cada vez maior das diferentes redes espalhadas por todo o país, podemos entrar em contacto com os nossos eleitores e eles podem responder-nos. Podem falar diretamente connosco ou enviar-nos mensagens de texto. Praticamente em todos os cantos e recantos do círculo eleitoral, temos acesso às pessoas por telefone (S20-1411).

--A ferramenta de comunicação mais comum que utilizamos é o telemóvel, porque é muito fácil entrar em contacto com as pessoas utilizando o telemóvel (S21-1519).

-A ferramenta de comunicação mais utilizada neste gabinete é o telemóvel. A revolução dos telemóveis está a tomar conta de tudo e é muito mais fácil para as pessoas do círculo eleitoral telefonarem devido à impossibilidade de acederem a outros meios de comunicação.... Toda a gente tem acesso a um telefone, e o Senhor Deputado é muito generoso com os seus números, disponibiliza os seus números de telefone a todos os membros do seu círculo eleitoral. Não há nenhuma chamada telefónica de um eleitor que ele não atenda, desde que tenha o telefone consigo; se não tiver, nós atendemos a chamada. Tentamos descobrir qual é o problema e, se for algo que possamos resolver diretamente por telefone, fazemo-lo. Trabalhamos no assunto e telefonamos-lhes. Trabalhamos no problema e telefonamos-lhes a dizer que fizemos isto ou aquilo. Por isso, o telemóvel tornou-se a ferramenta mais eficaz de comunicação com os eleitores (S22-1584).

--Graças a Deus, o telemóvel é o principal instrumento de comunicação neste gabinete (S24-1886).

-- O telemóvel é a ferramenta de comunicação mais utilizada neste escritório. É muito acessível a toda a gente e facilita o nosso trabalho neste gabinete (S25-1975).

-Várias vezes utilizámos o telefone para comunicar com mais do que uma pessoa ao mesmo tempo. Se houver uma reunião que exija a presença do meu patrão e ele não puder estar presente, o funcionário do círculo eleitoral vai lá representá-lo e, enquanto ele estiver lá, pomos o telefone no altifalante e o meu patrão dá o seu contributo (S26-2035).

--Usamos muito o telemóvel. O telemóvel é o canal de comunicação mais utilizado regularmente com as pessoas. E isso quer dizer que o nosso telefone está aberto 24 horas por dia para falar com eles, e não temos o direito (deixe-me pô-lo desta forma) de desligar o telefone, porque se o fizermos pode ser mal interpretado. E está sempre ao telefone a falar com as pessoas (S27-2086).

--Dispomos de vários meios de comunicação com os membros do nosso círculo eleitoral. Um deles, muito comum, é o telefone (S28-2154).

--Basicamente, utilizamos a Internet até certo ponto, mas o nosso principal instrumento de comunicação é o telemóvel. Atualmente, na Nigéria, este é o meio de comunicação mais fácil. Pode transmitir facilmente as suas mensagens, quer através de uma chamada de voz direta, quer através de mensagens de teste (S29- 2231).

--Mas agora, com o GSM, as pessoas não precisam de viajar, num piscar de olhos, as mensagens são transmitidas (29-2279).

-A ferramenta de comunicação mais utilizada neste gabinete é o telemóvel (S30-2321).

--É óbvio que o advento dos telemóveis alterou o panorama da comunicação na Assembleia Nacional e na Nigéria como um todo. O telemóvel é o instrumento de comunicação mais comum entre o pessoal e os deputados da Câmara dos Representantes. Para aqueles de nós que estão na Assembleia Nacional há algum tempo, podemos ver as mudanças que ocorreram nos últimos 10 anos desde a introdução do GSM. (S31 - 2370).

Mensagens de texto (SMS)

As mensagens de texto, também conhecidas como SMS, são um serviço adicional oferecido com o telemóvel. Permite que os indivíduos recebam mensagens nos seus telemóveis e os destinatários podem rever e recuperar as mensagens quando lhes for conveniente. Os participantes neste estudo descreveram as mensagens de texto como uma das ferramentas de comunicação que lhes oferecia uma latitude considerável em termos de flexibilidade, facilidade de utilização e conveniência.

--**Aqueles** que não me conseguem contactar durante o dia podem enviar-me mensagens de texto e, quando volto ao escritório, normalmente chamo um dos meus funcionários para recuperar todas as mensagens nos meus telemóveis e respondemos em conformidade (R5-344).

-- É fácil para mim contactá-los e para eles contactarem-me através do telemóvel ou enviarem uma mensagem de texto para o meu telemóvel (R6-442).

-Eles telefonam-lhe, enviam-lhe mensagens de texto, dizem-lhe o que querem e, se houver algum problema, alertam-no ou, se houver algum desenvolvimento, chamam a sua atenção para ele (R7-507).

-E quase seis em cada dez pessoas que encontra no meu círculo eleitoral sabem o meu número de telefone, telefonam-me e enviam mensagens de texto (R9-614).

--É apenas uma questão de alguns minutos, enquanto fala, toda a gente fica a saber, e pode enviar uma mensagem de texto, se tiver 10 alas, nessa mensagem de texto as pessoas das 10 alas receberão essa mensagem instantaneamente (R10-671).

--De facto, se abrirem a minha caixa de mensagens de texto, descobrirão que mais de 75% das mensagens aí contidas têm a ver com a comunicação dos meus eleitores (R11-714).

--O que também notei é que, com este telemóvel, diminuíram as cartas vindas do círculo eleitoral, as pessoas só telefonam. Quando lhes dizemos oh! sabes que mais, podias ter escrito, preferem enviar-te a informação por SMS. Se há um problema em que precisam de ajuda, ou se estão à procura de informações a nível federal, preferem enviar uma mensagem de texto e dizer: "Olha, temos este problema...".

--Alguns eleitores enviam mensagens de texto e, quando vimos aqui diariamente, copiamos um monte de mensagens de texto. Temos de filtrar as mensagens de texto e começar a passá-las para a escrita (S23-1794).

--Os membros podem facilmente enviar mensagens de texto para o pessoal que trabalha com eles ou podem mesmo telefonar-lhes diretamente, e o pessoal também pode telefonar aos membros ou enviar-lhes SMS sobre qualquer tarefa em que estejam a trabalhar (S31 -2378).

Infra-estruturas e sistemas de apoio inadequados

O baixo nível de desenvolvimento das infra-estruturas é um problema grave que afecta todos os sectores da economia nigeriana e os seus esforços de desenvolvimento. Os participantes salientaram que a fraca base de apoio infraestrutural inclui eletricidade ineficaz, falta de acesso a energia moderna e instalações de comunicação deficientes. A falta de infra-estruturas adequadas é um problema que afecta todo o país e que criou barreiras à utilização das TIC e de outros meios de comunicação, como observaram os participantes neste estudo:

-A maior parte das redes de comunicação não são fiáveis. Desactivam-se e desligam-se sem qualquer aviso formal por parte dos prestadores de serviços. Por isso, é difícil comunicar com os seus eleitores ou mesmo com o gabinete do círculo eleitoral e é o mesmo problema que os seus eleitores comunicam consigo (R5-364).

--Um dos maiores desafios que enfrentamos é a falta de desenvolvimento das infra-estruturas, mesmo nas áreas das telecomunicações. Na maioria das vezes, as chamadas podem não ser atendidas devido à falta de um serviço bom e fiável. Descobrimos que alguns dos fornecedores de serviços não têm capacidade suficiente para lidar com o número de assinantes na sua rede. Isto resulta em congestionamentos e numa má prestação de serviços (S31-2384).

-E por vezes a conetividade ou a rede não é tão boa, podemos querer contactar algumas pessoas mas não conseguimos (R1-60).

--O maior desafio é a falta de rede. Quando se dá a alguém um compromisso de que falarei consigo às 13 horas, e às 13 horas não havia rede. Ou a rede não é muito clara, não se consegue ouvir bem. É frustrante. De facto, gasta-se mais dinheiro a falar ao telefone. E, por vezes, a mensagem pode não ser clara (R2-111).

--Num local onde o fornecimento de energia é epilético, mesmo que houvesse acesso à Internet, com que frequência é possível interagir com estas pessoas através da Internet? Isso torna-se um problema estrutural muito fundamental (R8-591).

--O problema da rede GSM é um grande desafio. Há alturas em que os eleitores tentam telefonar-lhe e a chamada não é atendida, e você tenta telefonar aos seus eleitores e a chamada não é atendida (R11-740).

--Outro problema é a flutuação dos serviços GSM. Por vezes, queremos falar rapidamente com alguém, mas no local onde ele se encontra o serviço não é suficientemente bom, pelo que há uma quebra na comunicação e isso afecta o fluxo de comunicação (R12-820).

--Basicamente, a falha de rede é um problema grave quando se utiliza o telemóvel. Por vezes, quando tentamos fazer uma chamada e as chamadas caem... E quanto à Internet, é claro que sabemos que a maioria dos fornecedores de Internet são muito lentos, os serviços são muito lentos.

Por vezes, enviamos uma mensagem de correio eletrónico e esta é devolvida ou tentamos anexar um documento e demora uma eternidade a fazê-lo (S19-1350).

--Outro problema é o das chamadas não atendidas e das más redes. São necessárias melhores infra-estruturas e melhores serviços (S24-1955).

Pobreza

A pobreza é um problema grave que afecta as pessoas na Nigéria, uma vez que mais de 70% da população nigeriana vive abaixo do nível de pobreza. Isto coloca cerca de metade dos cidadãos num estatuto socioeconómico baixo devido à sua incapacidade de satisfazer as necessidades humanas básicas. A pobreza constitui um constrangimento importante nas relações entre representantes e constituintes. Coloca expectativas elevadas e irrealistas nos representantes eleitos, ao ponto de criar tensão nas relações entre representantes e constituintes, tal como observado pelos participantes: -A política no Terceiro Mundo é atualmente inacreditável. O nível de pobreza levou a política para outro nível. Os desafios ultrapassam o que é normal (R4-263).

--Bem, se comunicar com 100 pessoas, 80% estão à procura de dinheiro e 20% estão à procura de emprego. São esses os desafios e sabemos que não podemos dar dinheiro aos 80% que estão à procura de dinheiro por uma razão ou por outra (R6-448).

--Sim, mas não se esqueça também que estamos a lidar com uma população economicamente muito pobre que tem muita dificuldade em recarregar os seus telemóveis (R13-857). -Os grandes desafios são os desafios do país em geral, ou seja, a pobreza e a falta de boas infra-estruturas (R9-626).

-Devido ao nível de pobreza, fome e outras questões relacionadas nesta parte do mundo... pelo menos para mim, dos 100 e-mails/cartas ou mensagens de texto que recebo, seja numa semana ou num mês, 95 deles são para ajuda financeira. Mesmo que eu esteja em casa e eles possam ver-me, vêm a minha casa, jantamos e bebemos vinho juntos, mas o ponto principal da conversa é a ajuda financeira (R5-408).

--Para ser sincero, é necessário abordar realmente a política a partir de perspectivas diferentes das que temos atualmente. É necessário que os líderes a todos os níveis recriem/construam efetivamente o nível de confiança esperado entre governantes e governados. Isso deve-se ao facto de a pobreza estar a corroer cada vez mais os tecidos da nossa sociedade e de não haver esperança de que as autoridades estejam a abordar essas questões, na medida em que elas (as pessoas) as vêem cada vez mais gordas, e as suas hipóteses de sair dos factores de pobreza são cada vez menores (R4-289).

--Porque, muitas vezes, sentamo-nos aqui e as pessoas vêm com problemas que não estão relacionados com o círculo eleitoral. Vêm com problemas pessoais; vêm com questões que reduzem o gabinete a... não sei, não sei se tenho as palavras certas agora. Vêm com problemas muito ridículos e inacreditáveis, como alguém que chega ao pé de nós e nos diz que a mulher está grávida e que vai dar à luz e que precisa de ajuda financeira. Devem trazer coisas que tenham impacto na sociedade, que tenham impacto no círculo eleitoral (S18-1307).

-O elevado nível de pobreza é um problema grave (S24-1946).

--Quando se fala com os eleitores, há muitas exigências e essas exigências assumem diferentes formas e, por vezes, são muito falsas, há coisas que são esmagadoras, podemos imaginar que recebemos cerca de 30 chamadas por dia a pedir dinheiro para escolas para crianças (S27-2094).

--Também na frente doméstica, a questão da pobreza é galopante. Por vezes, os eleitores não têm dinheiro para recarregar o telemóvel e ficam à espera que lhes telefonem....

Pedidos de ajuda, pedidos de intervenção, pedidos de contactos, pedidos de pagamento de propinas, de contas médicas, querem que fale com alguém, querem que os ajude a contactar alguém, portanto esses pedidos são sempre diários (S29-2240).

Falta de compreensão das funções de um legislador

Desde 1966, a história e o desenvolvimento da legislatura da Nigéria foram marcados por perturbações e deslocações devido a intervenções militares na governação. Como resultado do longo interregno militar, a maioria dos nigerianos não compreende o funcionamento de um governo democrático e, por isso, confunde-se com os papéis e as funções dos representantes. Muitas vezes, os eleitores esperam que os representantes desempenhem funções que não são da sua competência, ou actividades não relacionadas que não têm qualquer relação com as suas funções legislativas. Vários participantes articularam este facto como um problema nas relações entre representantes e constituintes.

-Como eu disse, eles não compreendem o trabalho de um legislador, pensam que estamos ali sem fazer nada e que temos todo o tempo para falar (R1-57).

--Outra consequência negativa é o facto de não ter podido desempenhar as minhas funções primárias de legislador. Pediram-me para fazer coisas que estão fora dos meus horários normais. Pediram-me para atender às suas necessidades em termos de cerimónias de batismo, cerimónias de casamento, necessidades como a sua latrina ruiu, o seu poço aberto cedeu, o seu telhado está a ceder, há uma fuga aqui, a sua parede está a cair... ele está a tentar fazer uma cerimónia de casamento para os seus irmãos, tem um processo em tribunal, uma morte aqui, uma cerimónia de enterro ali. Todos estes pedidos resultam da falta de compreensão do papel do legislador. Para eles, eu deveria ser capaz de resolver estes problemas. É um bom representante (R4-271) -- A falta de compreensão das funções do poder legislativo é um dos problemas que estamos a enfrentar, porque se as nossas funções forem compreendidas e conhecidas por aqueles que nos elegeram (eleitores), teremos menos problemas. Mas as nossas funções ainda não foram compreendidas pelos nossos eleitores. A maioria dos nossos eleitores não conhecia as nossas funções. Como somos legisladores, não adjudicamos contratos, mas as agitações e os pedidos que recebemos diariamente da nossa população são outra coisa (R7-526).

--Os nigerianos não compreendem o papel fundamental de um legislador (R8-596).

-A legislatura é considerada uma aberração na Nigéria porque, dos 50 anos de independência, 40 foram governados por militares (R9-628).

--Há um problema muito grande na compreensão que as pessoas têm do papel de um legislador. O problema é que as pessoas não foram capazes de distinguir o papel de um parlamentar, um parlamentar não é responsável pelas despesas; a sua função básica é fazer leis. Mas a impressão do nigeriano médio é que um deputado é suposto estar encarregue do dinheiro, por isso vêm com todo o tipo de exigências e expectativas. Por vezes, se não formos capazes de satisfazer essas expectativas, isso torna-se um problema (R12-810).

--O nigeriano médio pensa que a função do parlamentar é construir estradas, como a função do executivo, que a função do parlamentar é fornecer eletricidade, levar transformadores às suas aldeias, levar água potável. Na verdade, não sabem que o trabalho dos legisladores é fazer leis para a paz, a ordem e a boa governação da Nigéria e nas várias Assembleias Estaduais dos Estados e, para além disso, supervisionar o órgão executivo do governo. Estas são as funções básicas de qualquer parlamentar (R13-865).

--Tentamos, tanto quanto possível, fazer com que o nosso povo compreenda, com que os nossos eleitores compreendam que, basicamente, o nosso papel aqui, enquanto deputados da Assembleia Nacional, é legislar e fazer leis e, tanto quanto possível, tentamos educá-los e fazê-los compreender que não nos envolvemos na adjudicação de contratos. A principal queixa é que esperam tanto de nós em termos de adjudicação de contratos, que não estamos em posição de o fazer. Tentamos, tanto quanto possível, explicar-lhes e fazê-las compreender que o nosso principal objetivo enquanto membro da Assembleia Nacional, enquanto legislador, é fazer leis para o país, para benefício de todos, e que, se não fizermos essas leis, será absolutamente difícil para o nosso país avançar. E as pessoas não parecem apreciar isso, mas o que esperam de si é que lhes dê dinheiro ou que lhes dê contratos (R14-904).

--Há muita confusão entre nós e os nossos eleitores; os nossos eleitores não parecem compreender as nossas funções, nós não parecemos compreender a sobrecarga de exigências que os nossos eleitores nos impõem, porque há muitas exigências, e isso deve-se à falta de compreensão dos deveres fundamentais de um legislador (R15-1011).

-As pessoas não compreendem o papel dos legisladores; esse é um grande problema. As expectativas são muito diferentes da razão pela qual o deputado está aqui, não entendem que o deputado está aqui para fazer leis, pensam que ele é um executivo que apropria fundos. Não é sua função vir construir estradas, vir construir hospitais. A sua função é legislar. Mais uma vez, devido ao nosso ambiente rural, a expetativa do deputado é que venha e lhes dê dinheiro. Oh! ele está aqui para ganhar dinheiro em nosso nome, devia vir e partilhá-lo connosco. Eles não percebem porque é que o deputado está na Assembleia Nacional. A expetativa é que ele nos dê estradas ou água ou venha dar-nos dinheiro. Agora é a nossa vez de usufruir porque o senhor deputado está lá. O dinheiro torna-se o fator principal (R16-1142).

--O principal desafio é a sua falta de apreciação ou compreensão dos deveres de um legislador. É do conhecimento geral que as pessoas do círculo eleitoral tendem a pensar/sentir que o benefício de interagir com o seu legislador é ter uma fatia do bolo nacional, e não pensam que há papéis melhores desempenhados pelos legisladores. Assim, quando se interage com eles e se lhes dá a conhecer políticas que se pensa poderem, a longo prazo, afetar o público em geral (os seus eleitores), eles tendem a querer concentrar-se mais nos seus benefícios individuais imediatos do que em coisas que serão de interesse geral para o círculo eleitoral (S18-1277).

--Para já, sejamos muito honestos, temos problemas de vária ordem neste país. Na região de onde venho, será correto dizer que 70% dos eleitores ou 65% dos eleitores não são instruídos e, no sentido em que não compreenderão qual é exatamente a função da legislatura (R6-475).

--Em primeiro lugar, existe aquilo a que se chama falta de educação por parte dos próprios eleitores. Na maior parte dos casos, não estão conscientes do trabalho legislativo de alto nível que aqui se realiza, por isso, por mais simples que se queira pôr a questão, continuam em branco, não sabem do que se está a falar na maior parte dos casos (S20-1431).

--Definitivamente não; nem os eleitores das zonas urbanas ou semi-urbanas, nem toda a gente está consciente do papel de um legislador. Acreditam que os legisladores só estão lá, recebem o dinheiro, todo o dinheiro que há no mundo, metem o dinheiro ao bolso e vão-se embora... e acreditam que têm o mundo inteiro para dar (S27 -2105).

Comunicar com os eleitores não é um fardo

Apesar dos vários desafios que os participantes enfrentam na comunicação com os seus eleitores, os representantes não consideram a sua relação e comunicação com os eleitores como um problema. Os participantes consideram que as relações entre representantes e eleitores são uma componente essencial do processo democrático e um aspeto importante das suas funções legislativas, com o qual têm de desenvolver estratégias para lidar.

--Estamos a trabalhar aqui porque este é o Parlamento. Estamos a representá-los, por isso temos de estar lá para compreender os seus sentimentos, os seus problemas, etc., e reagir a eles (R2- 143).

--Claro que não é um fardo, mas é complicado. É desgastante, mas foi para isso que nos inscrevemos, para servir. Não se pode descansar enquanto as pessoas que se está a servir não estiverem satisfeitas (R2-150).

--Descobri que existe uma desconexão entre os representantes do povo e as pessoas que realmente mais precisam da nossa ajuda. Descobri que, como as pessoas vêem aqueles que podem ser eleitos para a Câmara dos Representantes como parte das elites, dos grupos comerciais, aqueles que estão a trabalhar arduamente a nível rural normalmente não se apresentam porque têm medo de que provavelmente não sejamos acessíveis, e é por isso que a minha casa está aberta a toda a gente. Por isso, quando me vêem, perguntam: É o Meritíssimo? Ficam sempre chocados por eu me sentar com eles, entre eles e tudo isso, só para quebrar essa barreira (R3-185).

--Honestamente, não posso dizer que seja um fardo. É um serviço de que gosto muito. Quando digo "gostei", é no sentido de que gosto de interagir com as pessoas das zonas rurais, porque quando elas estão connosco, e quando dizem o que pensam, os seus problemas, é algo que nós próprios podemos realmente apreciar (R5-389).

--Se começarem a ver a interface frequente entre vocês, enquanto deputados, e os vossos eleitores - aqueles que constituem o vosso círculo eleitoral - como um fardo, então não têm nada que fazer no Parlamento. Porque o poder que tem como parlamentar foi-lhe dado por essas pessoas. Está a deter o poder em confiança para essas pessoas, pelo que as pessoas nunca podem pedir demasiado. Está à mercê da sua vontade e dos seus caprichos. Eles nunca podem pedir demasiado (R8-607).

--Não deveria ser um fardo para mim ou para qualquer outro legislador ou titular de um cargo público. Não deveria. A razão pela qual não deveria ser é porque são as razões para estar aqui, sem ... círculo eleitoral federal, não há nenhum outro círculo eleitoral federal que me teria enviado para este lugar (R11-726).

--Não, não é um fardo, é a razão pela qual estão aqui. Estão aqui para representar o povo. Por isso, se as pessoas vieram falar consigo, terá toda a obrigação de as receber, porque a essência é que são estas as pessoas que está a representar (R12-809) - Absolutamente não vejo isso como um fardo. Faz parte dos desafios da vida. Se eu visse isso como um fardo, não deveria estar onde estou hoje. Como político, devo ser capaz de estar à altura das expectativas e dos desafios do meu povo. Estou aqui

para os representar, e devo estar muito disposto e aberto a responder às suas necessidades e aos seus pedidos da melhor forma possível. Na verdade, aceito de bom grado os desafios, aprecio os desafios e tento fazer o melhor que posso para explicar aos meus eleitores, para que eles possam compreender e apreciar a minha posição e como representante (R14-922).

--Não, na verdade vejo-o como um serviço e estou bastante satisfeito. Apesar de ser um homem de negócios, devia preferir estar a fazer o meu negócio, mas se olhar para isto: será que vou estar a fazer negócios toda a minha vida? Vejo isto como um sacrifício para a minha comunidade de onde venho... Não estou a ganhar mais dinheiro do que teria ganho no negócio, se estivesse no negócio, estaria a ganhar mais dinheiro e não teria a oportunidade de representar o meu povo (R15-994).

--A comunicação com os nossos eleitores não é um fardo, no sentido em que estamos aqui apenas por causa deles e estamos aqui para os servir também. Por isso, embora não possamos satisfazer toda a gente ao mesmo tempo, tentamos, tanto quanto possível, satisfazer o maior número de pessoas possível. Não vemos isso como um fardo, embora às vezes possa ser muito stressante; no entanto, encaramos isso como parte do nosso trabalho (S21-1545).

--Não, não é um problema, porque o Sr. Deputado não estaria na Assembleia Nacional se o seu povo não o tivesse eleito, por isso tem de estar em contacto com o seu povo. Ele está aqui principalmente para ser a voz do seu povo e precisa de saber quais são os seus problemas. Precisa de saber como os resolver a nível federal. Por isso, não é de todo um fardo, é mais fácil para eles entrarem em contacto connosco, é mais fácil para nós entrarmos em contacto com eles (S22-1639).

--Não, é por isso que estamos aqui neste gabinete. É por isso que estás aqui como nosso membro eleito. Este gabinete não é o vosso gabinete. Este escritório pertence ao povo. Por isso, se eles vêm aqui, não podem olhar para isso como um fardo, é vossa responsabilidade, vosso dever ouvi-los, porque é o que eles vos dão, é o que vocês recebem das pessoas, é quando sentem o seu pulso, o que ouvem deles que vos dá a base do que dizer no plenário (S25-1997).

--Não, não é um fardo. Como é que pode ser um fardo quando nos relacionamos com as pessoas que estamos a representar, não é um fardo. Por isso, não vejo isso como um fardo, nem o meu chefe o vê como um fardo (S26-2053). --A comunicação com os membros do nosso círculo eleitoral não é um fardo. Como político, descobrirá que, quando as coisas acontecem assim, são necessidades a que tem de atender e tem de encontrar uma forma de as ultrapassar ou de as contornar, porque a essência da sua presença aqui é representá-los, seja qual for a forma como o faz, é apenas uma questão de os fazer compreender (S27-2116).

--A comunicação entre nós e os eleitores não é um fardo para nós. De facto, o meu chefe incentiva essas chamadas o mais possível. De facto, temos uma linha dedicada estritamente à comunicação com os eleitores e, sempre que o telefone toca, sabemos que temos de agir imediatamente (S29-2261).

Os dez temas iniciais captaram as frases-chave dos participantes, afirmações importantes e conceitos recorrentes que descreviam as suas experiências de comunicação. Crawley (1999), citando Orbe, explica que, após o processo inicial de tematização que estabeleceu temas gerais, os temas (gerais) devem ser reduzidos para revelar correlações e inter-relações entre os temas, a fim de revelar os temas que são fundamentais para a essência do fenómeno. Depois de um exame cuidadoso dos dez temas iniciais que emergiram do processo de tematização, iniciei o processo de redução dos temas para reduzir ainda mais os dez temas a poucos temas abrangentes. Isto envolve uma análise cuidadosa de cada um dos dez temas iniciais para descobrir os que têm uma relação direta com o fenómeno e estabelecer a relação entre os temas e os conceitos-chave. O resultado desse processo produziu três temas abrangentes que descrevem a essência das experiências dos meus participantes.

Três temas abrangentes

Os dez temas iniciais captaram a essência das experiências comunicativas dos participantes e caracterizaram conceitos-chave das entrevistas. Ao efetuar a redução dos temas, andei para trás e para a frente nas transcrições e nos dez temas iniciais, tentando ligá-los e reagrupá-los em categorias amplas que ajudassem a localizar o significado mais profundo do fenómeno a partir das perspectivas dos participantes. Como resultado do processo recursivo de redução de temas, surgiram três temas abrangentes que descrevem a essência das experiências comunicativas dos meus participantes. Os três temas abrangentes são: Ferramentas de Comunicação Tradicionais, Ferramentas de Comunicação Orientadas para a Tecnologia e Desafios para Relações Eficazes entre Representantes e Constituintes.

A fim de identificar os três temas abrangentes, durante o processo de redução dos temas, outros temas foram agrupados em cada tema abrangente. Por exemplo, as Ferramentas de Comunicação Tradicionais (TCT) incluem outros temas como o face a face, o gabinete do círculo eleitoral e a visita ao círculo eleitoral. Estes três temas iniciais foram combinados para formar os TCT porque têm caraterísticas semelhantes e estão inter-relacionados. Os três temas envolvem uma relação direta e contactos pessoais com os representantes e/ou o seu pessoal. A utilização da tecnologia nestas relações e experiências comunicativas é mínima ou, no máximo, pouco visível; por isso, agrupei-os como ferramentas de comunicação tradicionais. No caso das Ferramentas de Comunicação Orientadas para a Tecnologia (TOCT), os temas iniciais incluídos neste tema abrangente foram: E-mail, telemóvel e mensagens de texto. Os três temas são tecnologicamente orientados e estão inter-relacionados na sua operacionalidade e técnicas. Os três TOCT sob este tema abrangente requerem interconectividade e dispositivos digitais específicos para funcionarem em conformidade.

Finalmente, quatro dos dez temas iniciais foram reunidos num terceiro tema abrangente, que designei por: Desafios às relações efectivas entre representantes e constituintes (CERCR). Os quatro temas iniciais elucidaram as experiências vividas pelos participantes relativamente a cada ferramenta de comunicação, tal como explicado nas ferramentas de comunicação tradicionais e nas ferramentas de comunicação orientadas para a tecnologia. Para além do facto de os quatro temas deste tema geral estarem inter-relacionados, representam também questões transversais que têm um impacto positivo ou negativo nas relações e experiências de comunicação dos representantes com os seus eleitores.

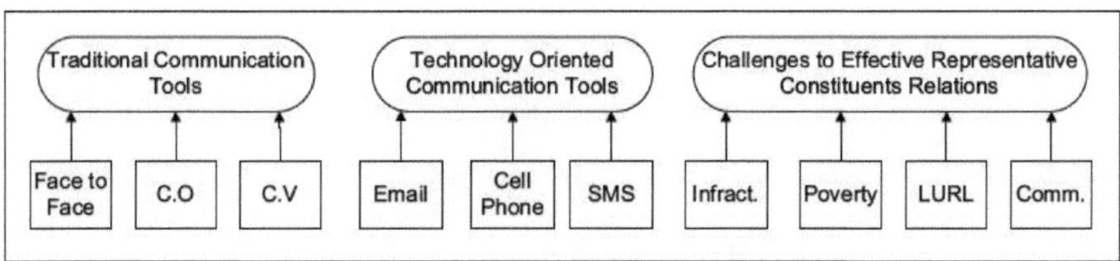

*Figura 5.*4 Os três temas abrangentes.

Os três temas abrangentes que emergiram do processo de redução dos temas reflectem a natureza exploratória desta investigação, sem limites específicos. A multiplicidade de ferramentas de comunicação identificadas nos dez temas iniciais está de acordo com a definição de Tecnologia de Informação e Comunicação (TIC) que apresentei no Capítulo I deste estudo. Para efeitos deste estudo, as Tecnologias da Informação e da Comunicação (TIC) foram definidas como qualquer forma de ferramentas ou dispositivos de comunicação que facilitam a comunicação entre os representantes e os seus eleitores. As ferramentas de comunicação não se limitam às tecnologias de comunicação baseadas na Web, como o correio eletrónico, o sítio Web, o fórum de discussão e as ferramentas de redes sociais, como o livro de rosto, o Twitter, os blogues e outras ferramentas de comunicação social. As ferramentas de comunicação a este respeito incluem, mas não se limitam à utilização da televisão, rádio, jornais, telemóveis, boletins informativos, cartas/correio normal, reuniões de câmara e quaisquer outras formas de ferramentas de comunicação utilizadas pelos representantes para comunicar com os eleitores. Após uma análise iterativa dos dez temas iniciais, os três temas abrangentes representam grupos de descrições comuns de experiências de comunicação que identifiquei como recorrentes nas histórias pessoais dos meus participantes.

Ferramentas de comunicação tradicionais (TCT)

Os instrumentos de comunicação tradicionais referem-se a uma combinação de métodos de comunicação bem conhecidos e estabelecidos utilizados numa sociedade. Ademolekun (1996) descreveu os instrumentos de comunicação tradicionais como sendo baseados na comunidade e instrumentos de comunicação que foram experimentados e considerados como sistemas de comunicação aceitáveis numa determinada sociedade. Afirmou que os instrumentos de comunicação tradicionais mais importantes incluem, mas não se limitam a, reuniões presenciais, reuniões na praça da aldeia, narração de histórias, música, grupos etários e líderes de opinião. O aspeto mais importante deste tema é o facto de ser pessoal, local e facilmente acessível às pessoas ao nível das bases. Os principais tipos de Instrumentos de Comunicação Tradicional (TCT) identificados pelos meus participantes a partir dos dez temas iniciais são: cara a cara, gabinete do círculo eleitoral e visita ao círculo eleitoral. Um participante resumiu simplesmente a sua experiência de comunicação da seguinte forma

Os meus canais de comunicação têm sido muito eficazes porque tenho de recorrer aos chefes locais; tenho uma óptima relação com eles. Também me certifico de que, de vez em quando, os patrocino de tal forma e com métodos tradicionais que eles podem chegar aos seus súbditos. Por isso, o meu sistema é muito local, porque os meus eleitores não estão expostos à Internet, não estão expostos aos métodos modernos, aos sistemas de autoestrada da informação e, por isso, tenho de utilizar o modo aceitável e o modo acessível que outras agências estão a utilizar para os contactar (R15-978).

Um aspeto significativo dos métodos tradicionais de comunicação é que, apesar do impacto e do atrativo das novas tecnologias, os TCT continuam a ser populares e eficazes entre as pessoas. Os métodos tradicionais de comunicação podem ser descritos como interpessoais e locais, mas transmitem significados mais profundos porque fazem parte da cultura e da história das pessoas. Um participante afirmou que: "A melhor estratégia de comunicação continua a ser o cara a cara. Ver-nos fisicamente, observar-nos a nós e nós a eles, o nosso comportamento e a conversa cara a cara é o melhor. Não se pode prescindir disso" (R2- 101). Na comunicação com os seus eleitores, o mesmo participante reconhece que, apesar de utilizar outras novas tecnologias, como o telemóvel, para chegar às pessoas nas zonas rurais, afirmou que "independentemente do método utilizado, não se pode prescindir da presença física - interação cara a cara" (R2-127).

Outro participante explicou que a comunicação cara a cara lhe oferece a oportunidade única de observar os sinais de comunicação não verbal enquanto comunica com os seus eleitores. "Ao encontrarmo-nos com os eleitores cara a cara, temos a oportunidade de ler a linguagem corporal da pessoa com quem estamos a falar. Há certos ingredientes de comunicação não verbais que podem ser utilizados para comunicar: através do rosto, através do gesto e outros, que o face a face oferece. Se comunicar com alguém sem ser cara a cara, pode não ser capaz de saber qual é a sua linguagem corporal, quais são as suas expressões faciais e quais são os seus gestos. E essas coisas são muito importantes; são meios de comunicação não verbais que nos dão uma ideia do pensamento da pessoa com quem nos estamos a encontrar" (R2-788).

Para além da cultura e do património histórico das pessoas, uma das razões para a utilização de instrumentos de comunicação tradicionais é a falta de desenvolvimento de infra-estruturas adequadas e/ou a distribuição desigual de infra-estruturas em diferentes partes do país. Nesse caso, os funcionários eleitos são forçados a utilizar o que está disponível e o método de comunicação mais conveniente para comunicar com os seus eleitores. Um participante referiu os desafios e as frustrações que advêm da comunicação presencial.

Bem, na minha área não temos grandes ferramentas ou infra-estruturas de comunicação. A ferramenta de comunicação básica é o contacto direto. Eles vêm cá, sentam-se e dizem-nos que a minha mulher vai dar à luz amanhã e eu não tenho dinheiro para a levar ao hospital; ou que o meu filho não está na escola e eu não tenho dinheiro para pagar as propinas, ou que estou doente, que tenho de ir ao hospital, que me deram uma conta de 40 ou 50 mil dólares e eu não posso pagar; ou que, quando vinha ter consigo, o meu carro avariou... e que você devia estar preparado para lhe dar dinheiro suficiente para reparar o carro. Estas são algumas das intrigas com que nos deparámos, são normais, e, enquanto legislador, desenvolvemos capacidades para as enfrentar, avaliando as que são razoavelmente defensáveis e as que parecem irracionais e, por conseguinte, evitamo-las (R6-457).

Do mesmo modo, outro participante declarou: "A Internet não está amplamente disponível no nosso círculo eleitoral. Mas temos um funcionário do círculo eleitoral em cada um dos gabinetes do círculo eleitoral. Temos três gabinetes de círculo eleitoral, porque temos três áreas de governo local" (S20-1404). No fundo, embora alguns dos participantes estejam expostos a outras ferramentas de comunicação, têm de escolher a ferramenta mais acessível e adequada para comunicar com os seus eleitores. Por outro lado, a utilização de ferramentas de comunicação tradicionais, como o gabinete do círculo eleitoral, é uma escolha deliberada dos representantes para alargar o seu âmbito de comunicação e aumentar a acessibilidade às pessoas que representam. Um participante explicou a razão da sua escolha desta ferramenta de comunicação.

De facto, a fim de alargar o meu modo de comunicação e acessibilidade, aumentei o número de gabinetes nos círculos eleitorais. Embora tenha uma sede, a sede está localizada na minha administração local, enquanto criei um gabinete de ligação em cada uma das administrações locais que representava. Todos estes gabinetes de ligação estão sob a alçada do gabinete principal, que se situa na sede do meu círculo eleitoral. Contratei um funcionário de ligação para cada gabinete que se relaciona com o funcionário do círculo eleitoral na sede. O objetivo é assegurar que os meus eleitores não percorram longas distâncias desde as suas aldeias até à sede. Assim, ali mesmo, no seu governo local, tudo o que precisam de fazer é entregar todas as cartas ou outra correspondência, e é dever do meu oficial de ligação nesse governo local levá-las à sede e receber a resposta do meu gabinete (R5-353).

Um dos temas iniciais que se enquadra no instrumento de comunicação tradicional é a utilização da visita dos representantes aos círculos eleitorais. Este tema recorrente está entrelaçado e interligado com o tema geral da comunicação tradicional. Mostra a diversidade e a peculiaridade dos vários círculos eleitorais e as experiências comunicativas de cada participante. Um participante explicou que a visita regular ao seu círculo eleitoral lhe dá a oportunidade de avaliar no terreno a situação no seu círculo eleitoral:

O telefone não lhe dirá certas coisas que precisa de ver pessoalmente, por isso tem de visitar o seu círculo eleitoral. Mesmo que tenha lá pessoas muito fiáveis, também tem de fazer uma avaliação no local por si próprio. Se tiver empreiteiros a trabalhar nos projectos do seu círculo eleitoral, não se limite a acreditar no que lhe disseram, porque será culpado ou elogiado se a obra correr mal ou bem. É preciso estar presente e não aceitar o relatório de alguém, porque eu não aceito. Estamos a trabalhar aqui porque este é o Parlamento, estamos a representar as pessoas, por isso é preciso estar presente para compreender os seus sentimentos, os seus problemas, etc., e reagir a eles. Embora eu recomende o telefone, o correio eletrónico, etc., não se pode prescindir da presença física (R2- 138).

Uma das participantes diz que utiliza as visitas aos círculos eleitorais para obter feedback útil e construtivo das pessoas. "O gabinete do meu círculo eleitoral organiza ocasionalmente excursões ou visitas a todas as aldeias e chefes de distrito para falar com eles, ouvi-los e reunir-se com os grupos de mulheres e de jovens. Há sempre uma espécie de interação. Quando vou, digo-lhes que não estou aqui para fazer campanha, mas quero descobrir o que estamos a fazer bem ou o que estamos a fazer mal e que temos de melhorar" (R1 -89). Outro participante explicou que aproveitou a oportunidade da visita ao círculo eleitoral para identificar problemas no seu círculo eleitoral, de modo a poder usar a sua influência como legislador para resolver os problemas.

Como deputado, é um detentor do poder em confiança para o seu povo. A visita frequente ao meu círculo eleitoral, a visita mensal ao seu círculo eleitoral para ver ou detetar problemas, impedimentos, clivagens nas diferentes áreas que compõem o seu círculo eleitoral é uma das ferramentas mais eficientes e eficazes de comunicação com os seus eleitores. Reunir-se com o seu povo para descobrir o que é que de facto lhe falta e como é que pode utilizar o instrumento do Parlamento para o fazer valer. Esta é a tábua fundamental sobre a qual se pode assentar tudo isto. A partir daí, é possível descobrir uma série de coisas e saber o que pensam sobre as grandes questões nacionais, porque, enquanto deputado, o senhor é os ouvidos, os olhos e a voz do seu povo (R8-577).

A partir da descrição que os participantes fazem das suas experiências comunicativas, as ferramentas de comunicação tradicionais são centrais para as suas experiências vividas. Apesar de existirem outras ferramentas de comunicação novas, alguns participantes continuam a ver as ferramentas de comunicação tradicionais como a forma mais valiosa e eficaz de interagir e comunicar com as pessoas que representam. Um participante resumiu-o da seguinte forma "A forma mais eficaz de comunicar com as pessoas são os contactos pessoais" (R9 - 624). O tema abrangente seguinte, a que chamei "Ferramentas orientadas para a tecnologia", centra-se na utilização de novas tecnologias pelos representantes na comunicação com os seus eleitores.

Ferramentas de comunicação orientadas para a tecnologia (TOCT)

A utilização de uma ou outra forma de ferramenta de comunicação orientada para a tecnologia na comunicação com os eleitores é outro tema abrangente que atravessou quase todos os relatos dos participantes. Nos dez temas iniciais, três novas tecnologias, que incluem o correio eletrónico, o telemóvel e as mensagens de texto, foram identificadas como as principais ferramentas de comunicação utilizadas pelos representantes. As principais caraterísticas destas ferramentas de comunicação são o facto de serem impessoais, rápidas, imediatas e baratas. Podem também chegar a muitas pessoas num curto espaço de tempo e a um custo reduzido. Vários participantes reconheceram a utilização destas ferramentas de comunicação, especialmente o telemóvel. Um participante afirmou que:

A maior parte da nossa comunicação é feita através do telemóvel neste gabinete. Nesta era de redes de comunicação GSM, o telemóvel tornou-se uma verdadeira ferramenta de comunicação com os nossos eleitores, porque estas redes estão espalhadas por todo o país. No meu círculo eleitoral, temos várias redes, como a MTN, a GLO e outras, pelo que é muito fácil para nós comunicar com eles diariamente. Podemos telefonar-lhes, eles podem telefonar-nos ou enviar-nos mensagens de texto" (R16-1071).

Segundo os relatos da maioria dos participantes, o telemóvel tornou-se um instrumento de comunicação omnipresente e o mais eficaz utilizado pelos representantes eleitos para chegarem aos seus eleitores. Um participante explicou que:

A ferramenta de comunicação mais utilizada neste gabinete é o telemóvel. A revolução dos telemóveis está a tomar conta de tudo e é muito mais fácil para as pessoas do círculo eleitoral telefonarem devido à impossibilidade de acederem a outros meios de comunicação.... Toda a gente tem acesso a um telefone, e o Senhor Deputado é muito generoso com os seus números, disponibiliza os seus números de telefone a todos os membros do seu círculo eleitoral. Não há nenhuma chamada telefónica de um eleitor que ele não atenda, desde que tenha o telefone consigo; se não tiver, nós atendemos a chamada. Tentamos descobrir qual é o problema e, se for algo que possamos resolver diretamente por telefone, fazemo-lo. Trabalhamos no assunto e telefonamos-lhes. Trabalhamos no assunto e telefonamos-lhes a dizer que fizemos isto ou aquilo. Por isso, o telemóvel tornou-se a ferramenta mais eficaz de comunicação com os eleitores (S22-1586).

Um participante afirmou que "o telemóvel é a ferramenta mais utilizada para comunicar com os meus eleitores. É muito eficaz na medida em que, nesta era das TI, não há nenhuma parte do meu círculo eleitoral que não tenha um sistema de telecomunicações" (R5-327). Um participante disse simplesmente: "O telemóvel é a ferramenta de comunicação mais utilizada por mim para comunicar com os meus eleitores. É fácil e rápido" (R13-847). Para além de utilizarem o telemóvel para comunicar com eleitores individuais, alguns participantes explicaram ainda como exploraram a tecnologia móvel para comunicar com mais do que uma pessoa de cada vez. Um participante recordou a sua experiência:

Quando comunico com os membros do meu círculo eleitoral, falo mais com eles por telefone e desloco-me ao meu círculo eleitoral pelo menos duas vezes por mês. Faço reuniões por conferência telefónica com eles se não puder ir a casa. Telefonei-lhes e eles puseram o telefone no altifalante para que eu pudesse falar com as pessoas (R2-97).

Outro participante explicou que "várias vezes utilizámos o telefone para comunicar com mais do que uma pessoa ao mesmo tempo. Se houver alguma reunião que exija a presença do meu chefe e ele não puder estar presente, o funcionário do círculo eleitoral vai lá para o representar e, enquanto ele estiver lá, pomos o telefone no altifalante e o meu chefe dá o seu contributo" (S26-2037). O telemóvel não é apenas a ferramenta de comunicação mais utilizada, os participantes também reconheceram a sua eficácia e utilidade no desempenho das suas funções legislativas. Um participante afirmou que "a comunicação móvel trouxe uma melhoria tremenda no trabalho aqui neste gabinete como legislador (25-1994). Outro participante resumiu a sua experiência da seguinte forma:

É óbvio que o advento dos telemóveis alterou o panorama da comunicação na Assembleia Nacional e na Nigéria como um todo. O telemóvel é a ferramenta de comunicação mais comum entre o pessoal e os deputados da Câmara dos Representantes. Para aqueles de nós que já estão na Assembleia Nacional há algum tempo, podemos ver as mudanças que ocorreram nos últimos 10 anos desde a introdução do GSM. A tecnologia do telemóvel facilitou uma melhor comunicação entre os deputados e o pessoal, e entre os deputados e os seus eleitores. Antes da introdução do telemóvel, era muito difícil para os deputados comunicarem com o seu pessoal, mesmo dentro das instalações da Assembleia Nacional, mas isso mudou nos últimos 8 anos (S31 - 2370).

Outro tema que foi incluído nas ferramentas de comunicação orientadas para a tecnologia foi a utilização de mensagens de texto. As mensagens de texto estão a tornar-se rapidamente uma ferramenta de comunicação incrível para os representantes eleitos na sua tentativa de colmatar o fosso de comunicação entre eles e os cidadãos. Um dos participantes afirmou que "aqueles que não me podem contactar durante o dia podem enviar-me mensagens de texto e, quando volto ao escritório, normalmente chamo um dos meus funcionários para recuperar todas as mensagens nos meus telemóveis e respondemos em conformidade" (R5-344). Um participante foi mais enfático nos seus relatos sobre a utilização de mensagens de texto; disse que "se eu abrisse a minha caixa de mensagens de texto, descobriria que mais de 75% das mensagens aí contidas têm a ver com comunicações dos meus eleitores" (R11-714). Num desenvolvimento semelhante, outro participante recordou a sua experiência com os seus eleitores, especialmente no que se refere à utilização de mensagens de texto. É apenas uma questão de alguns minutos, quando se fala, toda a gente fica a saber, e podemos enviar uma mensagem de texto se tivermos 10 circunscrições, e nessa mensagem de texto as pessoas das 10 circunscrições receberão a mensagem instantaneamente" (R10-671).

Vários participantes recordaram as suas experiências sobre a utilização de mensagens de texto e a forma como estas os ajudaram a acompanhar os acontecimentos no seu círculo eleitoral. Um participante explicou: "Eles (eleitores) telefonam-lhe, enviam-lhe mensagens de texto, dizem-lhe o que querem e, se houver algum problema, alertam-no através das mensagens de texto ou, se houver algum desenvolvimento, chamam a sua atenção para ele (R7 -507). A maioria dos participantes descreveu as mensagens de texto como a ferramenta de comunicação mais acessível, cómoda e barata.

A utilização do correio eletrónico pelos representantes na comunicação com os seus eleitores é outro tema dos dez temas iniciais que foi incluído no tema geral das Ferramentas de Comunicação Orientadas para a Tecnologia. Um dos participantes observou que a utilização do correio eletrónico na comunicação com os seus eleitores é predominante entre os jovens. "Recebemos mais e-mails dos jovens, que, se repararmos na Nigéria, são os que frequentam o cibercafé. São eles que se esforçam por nos enviar e-mails e falar connosco online"

(S22-1657). O tipo de círculo eleitoral de onde provém um representante, urbano ou rural, também desempenha um papel importante na utilização da Internet para comunicar com as pessoas. Os representantes que provêm de círculos urbanos ou semi-urbanos tendem a utilizar a Internet com mais frequência do que os que provêm de zonas rurais. Isto deve-se ao facto de o desenvolvimento das infra-estruturas nas zonas urbanas ser muito mais avançado e melhor do que nas comunidades rurais. Um dos participantes afirmou que

O nosso círculo eleitoral é maioritariamente urbano; não há zonas rurais. A Senhora Deputada disponibilizou o seu endereço eletrónico aos eleitores e lançou também o seu sítio Web. As pessoas têm visitado o sítio e nós temos recebido feedback das pessoas. E isto reduziu efetivamente o tráfego no nosso gabinete, pois antigamente vinham muitas pessoas. Mas agora, com a utilização da Internet, tem havido comunicação entre alguns eleitores e o nosso gabinete" (24-1920).

Um outro participante explicou que a utilização da Internet na comunicação com os eleitores tem a ver com a "sofisticação" do gabinete do representante e com o acesso a esta facilidade: "Em grande medida, diria mesmo que estamos um pouco avançados neste gabinete, porque, para além do acesso que temos à Internet da Assembleia Nacional, temos os nossos próprios meios alternativos e comunicamos muito pela Internet com os nossos eleitores" (S30-2325).

Essencialmente, a utilização da Internet por um representante para comunicar com os eleitores depende de muitos factores, entre os quais se destacam o tipo de círculo eleitoral que o legislador representa (urbano ou rural), o acesso do representante à Internet e a sofisticação do gabinete do representante, incluindo o nível de conhecimentos informáticos do pessoal. Um participante disse: "Temos ligação à Internet em Abuja e no gabinete do nosso círculo eleitoral. As pessoas podem contactar-nos por correio eletrónico e o Sr. Deputado tem um sítio Web pessoal" (S26-2055). Outro participante recordou como a Internet facilitou a comunicação entre o representante e o gabinete do círculo eleitoral. "Por exemplo, se quisermos enviar documentos ou textos, ou discursos, podemos fazê-lo através da Internet. Basta-me enviar um documento para o assistente pessoal do deputado no nosso círculo eleitoral. Normalmente, ele teria de se deslocar a Abuja para o recolher, mas graças à Internet na administração local, podemos enviar esses documentos com facilidade" (S29-2283).

Os três temas que foram agrupados num tema amplo de ferramentas de comunicação orientadas para a tecnologia são também referidos como novas tecnologias e estão inter-relacionados de uma forma ou de outra. No entanto, o nível de utilização de cada ferramenta de comunicação pelos representantes difere nas suas experiências de comunicação quotidiana com os eleitores. O terceiro tema essencial e abrangente centra-se nos desafios enfrentados pelos representantes na comunicação com os seus constituintes. Curiosamente, este tema é transversal aos dois temas anteriormente discutidos, quer utilizem as ferramentas de comunicação tradicionais ou as ferramentas orientadas para a tecnologia, quase todos os participantes entrevistados enfrentaram desafios semelhantes na comunicação com os seus constituintes.

Desafios para uma relação eficaz entre representantes e eleitores

Apesar da identificação e utilização de várias ferramentas TIC e da utilização contínua de ferramentas de comunicação tradicionais pelos representantes eleitos para comunicar com os seus eleitores, foram catalogados vários desafios pelos participantes como parte das suas experiências comunicativas durante as entrevistas. Estes desafios devem ser destacados como parte das experiências comunicativas vividas pelos participantes. No meu processo de redução de temas, quatro dos dez temas iniciais foram agrupados neste tema abrangente. Observei que estes quatro temas, que incluem a falta de infra-estruturas e sistemas de apoio adequados, a pobreza, a falta de compreensão das funções de um legislador e o facto de a comunicação com os eleitores não ser um fardo, são cruciais para compreender as experiências comunicativas dos representantes. Este tema abrangente esclarece o tipo específico de questões ou discursos que têm lugar entre os representantes e os seus eleitores, dando também uma visão mais profunda das percepções dos representantes eleitos sobre a comunicação com os seus eleitores.

Um dos principais problemas ou desafios que os participantes enfrentaram, independentemente de terem utilizado ferramentas de comunicação tradicionais ou ferramentas de comunicação orientadas para a tecnologia, é a pobreza. A maioria dos cidadãos na Nigéria vive abaixo do nível de pobreza, o que tem um efeito drástico na comunicação entre representantes e constituintes. Um participante resumiu sucintamente a questão da pobreza da seguinte forma "A política no Terceiro Mundo é inacreditável. O nível de pobreza levou a política para outro nível. Os desafios estão para além do que é normal (R4-263).

Outro participante coloca a questão num contexto ligeiramente diferente, afirmando que

Estamos numa democracia emergente e a nossa economia está a crescer. A Nigéria é um país onde as pessoas precisam de ajuda em todo o processo; desde alguém que frequentou a escola, precisa de dinheiro para aceder à Internet, a comprar jornais para saber que há um anúncio publicado nos jornais para emprego no Ministério ou no sector privado. Na maioria das vezes, tenho de lhes dar dinheiro para irem ter comigo a Abuja e regressarem (R3-223).

A questão da pobreza é um tema comum a todos os participantes. Todos eles partilharam experiências semelhantes e deram ilustrações gráficas de como isso afecta as suas experiências comunicativas. Por exemplo, um representante recordou que: "Se comunicarmos com 100 pessoas, 80% estão à procura de dinheiro e 20% estão à procura de emprego.

São esses os desafios e sabemos que não podemos dar dinheiro aos 80% que, por uma razão ou outra, andam à procura de dinheiro" (R6-448).

Um funcionário de um dos representantes partilhou a sua experiência durante a entrevista da seguinte forma:

Muitas vezes, sentamo-nos aqui e as pessoas vêm com problemas que não estão relacionados com o círculo eleitoral. Vêm com problemas pessoais; vêm com questões que reduzem o gabinete a... (não sei, não sei se tenho as palavras certas agora). Vêm com problemas muito ridículos e inacreditáveis, como alguém que se dirige a si e lhe diz que a mulher está grávida e que vai dar à luz e que precisa de ajuda financeira; não são coisas que devam trazer a este gabinete. Devem trazer coisas que tenham impacto na sociedade, impacto no círculo eleitoral, e o perigo disso é que, quando começamos a ter tantas pessoas assim à nossa volta, isso tende a fazer descarrilar o ímpeto do gabinete, porque passamos a acreditar que, se não resolvermos esses problemas, podemos não ser votados pela segunda vez quando tencionamos voltar, e passamos a tentar canalizar os nossos recursos para problemas individuais ou pessoais em vez do bem maior (público) da sociedade (S18-1308).

Outro representante descreve a sua própria experiência da seguinte forma: "Devido ao nível de pobreza, fome e outras questões relacionadas nesta parte do mundo, quando nos disponibilizamos, pelo menos para mim, dos 100 e-mails, cartas ou mensagens de texto que recebo, seja numa semana ou num mês, 95 são para ajuda financeira. Mesmo que eu esteja em casa e eles possam ver-me, que venham a minha casa, que jantemos e bebamos vinho juntos, o ponto principal da sua discussão é a assistência financeira. Se calhar, são estas as questões que alguns deputados não conseguem suportar e alguns decidem ficar em Abuja ou ir apenas ao seu círculo eleitoral, talvez uma vez por mês" (R5-409). O impacto negativo que a pobreza está a ter nas relações entre representantes e eleitores constitui uma grande preocupação para a maioria dos representantes, e um participante sugeriu que

Para ser sincero, é necessário abordar a política de uma perspetiva diferente da que temos atualmente. É necessário que os líderes a todos os níveis recriem e construam o nível de confiança esperado entre os governantes e os governados. Isto deve-se ao facto de a pobreza estar a corroer cada vez mais os tecidos da nossa sociedade e de não haver esperança de que as autoridades estejam a abordar estas questões, na medida em que elas (as pessoas) as vêem cada vez mais gordas e as suas hipóteses de sair da pobreza são cada vez menores (R4-289).

A outra dificuldade com que os representantes se deparam na comunicação com os seus eleitores é a falta de compreensão das funções dos legisladores por parte da população. Para além da pobreza, este problema é, de facto, responsável por exigências desnecessárias colocadas aos representantes eleitos pelos seus eleitores. Um representante declarou que "A falta de compreensão das funções da legislatura é um dos problemas que estamos a enfrentar, porque se as nossas funções forem compreendidas e conhecidas por aqueles que nos elegeram (eleitores), teremos menos problemas. Mas as nossas funções ainda não foram compreendidas pelos nossos eleitores. A maioria dos nossos eleitores não conhecia as nossas funções. Como somos legisladores, não adjudicamos contratos, mas as agitações e os pedidos que recebemos diariamente da nossa população são outra coisa" (R7-523). Vários participantes falaram desta questão e da forma como ela afecta as suas experiências comunicativas. Outro representante explicou que:

As pessoas não compreendem o papel dos legisladores; esse é um grande problema. As expectativas são muito diferentes da razão pela qual o deputado está aqui. Não compreendem que um deputado está aqui para fazer leis; pensam que ele é um executivo que controla os fundos. Venha e construa estradas para nós, venha e construa um hospital para nós, tudo isso não é trabalho dele. O seu trabalho é fazer leis. Mais uma vez, devido ao nosso ambiente rural, o que se espera do deputado é que venha e lhes dê dinheiro. Oh! ele está aqui para ganhar dinheiro em nosso nome, devia vir e partilhá-lo connosco. Eles não percebem porque é que o deputado está na Assembleia Nacional. A expetativa é que ele nos dê estradas ou água ou venha dar-nos dinheiro. Agora é a nossa vez de usufruir porque o senhor deputado está lá. O dinheiro torna-se o fator principal (R16-1142).

Um membro da equipa coloca a questão da seguinte forma: "O principal desafio é a falta de apreciação ou de compreensão dos deveres de um legislador por parte dos eleitores. É do conhecimento geral que as pessoas do círculo eleitoral tendem a pensar e a sentir que o benefício de interagir com o seu legislador é ter uma fatia do bolo nacional, e não pensam que os legisladores desempenham papéis melhores. Por isso, quando interagimos com eles e lhes damos a conhecer políticas que pensamos poderem, a longo prazo, afetar o público em geral (os nossos eleitores), eles tendem a querer concentrar-se mais nos seus benefícios individuais imediatos do que em coisas que serão de interesse geral para o círculo eleitoral (S18-1277). Vários participantes expressaram as suas frustrações sobre esta questão e explicaram que a falta de compreensão dos seus papéis afecta o desempenho efetivo das suas funções legislativas. Por exemplo, um representante explicou que, ao concentrarem-se nas exigências pessoais dos seus eleitores, os representantes eleitos não conseguem concentrar-se nas suas outras funções essenciais de legislação e supervisão. Um participante afirmou que:

Outra consequência negativa é o facto de não ter podido desempenhar as minhas funções principais como legislador. Pediram-me para fazer coisas que estão fora dos meus horários normais. Pediram-me que atendesse às suas necessidades em termos de cerimónias de batismo, cerimónias de casamento, necessidades como a sua latrina ruiu, o seu poço aberto cedeu, o seu telhado está a ceder, há uma fuga aqui, a sua parede está a cair... ele está a tentar fazer uma cerimónia de casamento para os seus irmãos, tem um processo em tribunal, uma morte aqui, uma cerimónia de enterro ali. Todos estes pedidos resultam da falta de compreensão do papel do legislador. Para eles, eu deveria ser capaz de resolver esses problemas e esse é um bom representante (R4-271).

De acordo com os diferentes relatos dos meus participantes, parece haver um elevado número de expectativas irrealistas e exigências dos seus constituintes. Estas, por sua vez, exercem pressão sobre os representantes e, muitas vezes, estes não conseguem satisfazer essas exigências e expectativas. Outro grande desafio que foi geralmente discutido pelos participantes foi a questão do desenvolvimento inadequado das infra-estruturas em todo o país. Este problema dificulta a sua capacidade de utilizar da melhor forma as novas tecnologias para comunicar eficazmente com os seus eleitores. Um participante explicou que: "A maior parte das redes de comunicação não são fiáveis. Desligam-se e desligam-se sem qualquer aviso formal por parte dos fornecedores de serviços. Por isso, é difícil comunicar com os nossos eleitores ou mesmo com o gabinete do círculo eleitoral, e o mesmo acontece com os nossos eleitores que comunicam connosco" (R5-364). Outro participante afirmou que:

Um dos maiores desafios que enfrentamos é a falta de desenvolvimento de infra-estruturas, mesmo nas áreas das telecomunicações. Na maioria das vezes, as chamadas podem não ser atendidas devido à falta de um serviço bom e fiável. Descobre-se que alguns dos fornecedores de serviços não têm capacidade suficiente para lidar com o número de assinantes na sua rede. Isto resulta em congestionamentos e numa má prestação de serviços. Além disso, os custos das chamadas são muito exorbitantes e incomportáveis, apesar dos maus serviços prestados às pessoas (S31-2384).

Outro membro do pessoal exprimiu a sua insatisfação tanto com os fornecedores de serviços Internet como com as companhias telefónicas. Basicamente, as falhas de rede são um grande problema quando se utiliza o telemóvel. Por vezes, quando tentamos fazer uma chamada, as chamadas caem... E, no caso da Internet, é claro que sabemos que a maior parte dos fornecedores de Internet são muito lentos, os serviços são muito lentos. Por vezes, enviamos uma mensagem de correio eletrónico e ela volta para trás ou tentamos anexar um documento e demora uma eternidade a fazê-lo (S19-1350). Um dos representantes descreveu o mau serviço dos vendedores como um roubo. "Quando se dá a alguém um compromisso de que vou falar consigo às 13 horas, e às 13 horas não havia rede. Ou a rede não é muito clara, não se consegue ouvir bem. É frustrante. De facto, gasta-se mais dinheiro a falar ao telefone. E, por vezes, a mensagem pode não ser clara" (R2-111).

O desenvolvimento inadequado das infra-estruturas é um problema sistémico na Nigéria e tem de ser abordado no contexto mais vasto do desenvolvimento da nação. Um representante resumiu a sua opinião sobre esta questão da seguinte forma: "Num lugar onde o fornecimento de energia é epilético, mesmo que haja acesso à Internet, com que frequência se consegue interagir com estas pessoas através da Internet? Isso torna-se um problema estrutural muito fundamental" (R8-591). Este problema foi repetido por vários participantes porque afecta a sua capacidade de comunicar eficazmente com os seus eleitores.

Por último, é fascinante o facto de, apesar dos desafios enfrentados pelos representantes na comunicação com os seus eleitores, os participantes não encararem a comunicação com os seus eleitores como um fardo. Pelo contrário, a maioria dos representantes vê como parte da sua responsabilidade manter-se constantemente em contacto com os seus eleitores. Os relatos de vários participantes sobre esta questão revelaram-me a forma como os representantes encaram as suas relações com as pessoas que representam. Um representante explicou que:

Não o vejo de todo como um fardo. Faz parte dos desafios da vida. Se o visse como um fardo, não deveria estar onde estou hoje. Como político, devo ser capaz de corresponder às expectativas e aos desafios do meu povo. Estou aqui para os representar e devo estar muito disposto e aberto a responder às suas necessidades e aos seus pedidos da melhor forma possível. Na verdade, aceito bem os desafios, aprecio-os e tento fazer o melhor que posso para explicar aos meus eleitores a minha posição e o meu papel como representante (R14-922).

Um dos representantes explicou que estava muito satisfeito por fazer qualquer sacrifício para representar o seu povo. Considera que é um privilégio e uma oportunidade rara representar o seu povo na Câmara dos Representantes. Na verdade, vejo-o como um serviço e estou muito satisfeito. Apesar de ser um homem de negócios, antes de vir para a Câmara, teria preferido estar a fazer o meu negócio, mas se vir bem: será que vou estar a fazer negócios toda a minha vida? Encaro isto como um sacrifício para a minha comunidade de onde venho... Não estou a ganhar mais dinheiro do que teria ganho no negócio. Se estivesse no negócio, estaria a ganhar mais dinheiro e não teria a oportunidade de representar o meu povo" (R15-994).

Outro representante descreveu a relação entre os representantes eleitos e o povo como uma relação contratual, pelo que a comunicação com o povo, em qualquer circunstância, não deve ser um fardo para os representantes. Se começarem a encarar a interface frequente entre vocês, enquanto deputados, e os vossos eleitores - aqueles que constituem o vosso círculo eleitoral - como um fardo, então não têm nada que fazer no Parlamento. Porque o poder que têm como deputados foi-vos dado pelo povo. Está a deter o poder em confiança para essas pessoas, pelo que as pessoas nunca podem pedir demasiado. Está à mercê da sua vontade e dos seus caprichos. Eles nunca podem pedir demasiado (R8-607).

Um dos funcionários explicou que, embora a comunicação com os eleitores possa ser por vezes difícil, não pode ser vista como um fardo para os representantes. Afirmou que: "Comunicar com os nossos eleitores não é um fardo, no sentido em que estamos aqui apenas por causa deles e estamos aqui para os servir também. Por isso, embora não possamos satisfazer toda a gente ao mesmo tempo, tentamos, tanto quanto possível, satisfazer o maior número de pessoas possível. Não vemos isso como um fardo, embora às vezes possa ser muito stressante; no entanto, encaramos isso como parte do nosso trabalho (S21-1545). Outro funcionário colocou a questão num contexto diferente: afirmou que os representantes eleitos são os ouvidos e os olhos do seu povo na Câmara dos Representantes; por conseguinte, não devem encarar a relação com os seus eleitores como um fardo. Afirmou que:

O Deputado não estaria na Assembleia Nacional se o seu povo não o tivesse eleito, por isso tem de estar em contacto com o seu povo. Ele está aqui principalmente para ser a voz do seu povo e precisa de saber quais são os seus problemas. Precisa de saber como os resolver a nível federal. Por isso, não é de todo um fardo, é mais fácil para eles entrarem em contacto connosco, é mais fácil para nós entrarmos em contacto com eles (S22-1639).

As minhas experiências na aplicação do processo interpretativo em seis etapas de Denizen forneceram o modelo para obter uma visão mais profunda das experiências pessoais dos representantes eleitos e dos desafios que enfrentaram ao comunicar com os seus eleitores. O processo de redução dos temas foi muito gratificante, porque consegui reunir os dez temas iniciais e agrupá-los em três temas abrangentes que captaram a essência das experiências de comunicação dos meus participantes.

Resumo

No Capítulo Quatro, esclareço o quarto passo de Denzin no processo interpretativo, que ele designa por "Bracketing the phenomenon". Esta secção implica um processo iterativo rigoroso de localização de frases-chave, afirmações e temas que se referem diretamente ao fenómeno. Ao fazê-lo, as transcrições das entrevistas foram lidas e relidas várias vezes, procurando conceitos, caraterísticas e frases-chave recorrentes que captassem a essência do fenómeno. Através do processo de tematização, foi identificada e destacada uma infinidade de ferramentas de comunicação utilizadas pelos representantes eleitos, bem como outros temas salientes essenciais às experiências comunicativas dos participantes. O resultado foram os dez temas iniciais abordados no presente capítulo.

Para além disso, os dez temas iniciais foram ainda examinados em termos de semelhança e interconectividade. O processo de redução dos temas resultou na emergência de três temas abrangentes que resumiam a essência das experiências comunicativas dos meus participantes. Os temas abrangentes que resultaram deste processo são: Ferramentas de comunicação tradicionais, ferramentas de comunicação orientadas para a tecnologia e desafios às relações efectivas entre representantes e constituintes. Os três temas abrangentes recorrentes ajudaram-me a obter uma visão profunda e uma maior compreensão das experiências de comunicação dos representantes eleitos na Nigéria. O processo de agrupamento e a redução dos dez temas iniciais a três marcaram uma fase importante para mim neste estudo, pois comecei a ver como estes temas se entrelaçavam e interligavam uns com os outros, como uma teia de aranha, e ainda assim faziam sentido.

No capítulo cinco, discuto as duas fases seguintes do processo interpretativo de Denzin. São elas "Construir o fenómeno" e "Contextualizar o fenómeno". Denzin descreve a construção do fenómeno como o processo em que o investigador reúne os elementos essenciais do objeto de estudo num todo coerente. A contextualização do fenómeno, que é a fase final do processo interpretativo, implica a localização dos temas essenciais do fenómeno no mundo social dos participantes. Nesta fase, o investigador interpreta as estruturas e os temas essenciais identificados a partir da perspetiva dos participantes.

Capítulo 5

Interpretar as experiências comunicativas

Este capítulo continua com o quinto passo do processo interpretativo de Denzin (2001), denominado "Construir o fenómeno". Todo este estudo centrou-se na exploração das ferramentas das Tecnologias de Informação e Comunicação (TIC) utilizadas pelos representantes eleitos na Nigéria para comunicar com os seus eleitores. Tal como mencionado nos capítulos anteriores, utilizei a abordagem interpretativa de Denzin para estruturar a minha recolha de dados e a análise do fenómeno estudado. Denzin (2001) descreve a construção do fenómeno como a fase em que se juntam os elementos essenciais e os temas-chave isolados na fase de análise para criar um todo coerente. O objetivo é recriar a experiência de uma forma que faça sentido para o leitor e mostre como cada elemento essencial está relacionado com os outros. Denzin (2001) explica que, ao construir o fenómeno, o investigador "esforça-se por reunir as experiências vividas que se relacionam e definem o fenómeno sob inspeção. O objetivo é encontrar as mesmas formas recorrentes de conduta, experiência e significado em todas elas" (p. 79). Neste momento, comecei a reunir os temas essenciais que foram isolados na delimitação do fenómeno para responder às minhas questões de investigação.

Iniciei o estudo com o processo de definição da questão de investigação, e a minha questão de investigação abrangente foi a seguinte

1. Quais são as ferramentas das tecnologias da informação e da comunicação (TIC) à disposição dos deputados da Câmara dos Representantes na Nigéria para comunicarem com os seus eleitores?

Para além da pergunta-chave de investigação, formulei quatro outras sub-questões de investigação para aprofundar o fenómeno. As sub-questões de investigação são as seguintes:

2. Quais são as ferramentas TIC que estão a ser utilizadas para comunicar com os eleitores e que impacto têm essas ferramentas na comunicação entre os representantes e os seus eleitores?

3. Quais são as estratégias e tácticas de comunicação utilizadas pelos membros da Câmara dos Representantes para comunicar com os eleitores?

4. Os representantes que utilizam estas ferramentas de comunicação têm mais ou menos probabilidades de visitar o seu círculo eleitoral?

5. Quais são os obstáculos ou desafios enfrentados pelos membros dos RH que utilizam as ferramentas de comunicação para comunicar com os seus constituintes e como podem ser ultrapassados?

Seguindo o quinto passo da abordagem interpretativa de Denzin (2001) - construir o fenómeno -, vou extrair informação isolada da "análise do fenómeno", como expliquei no Capítulo Quatro, para responder às minhas perguntas de investigação. No Capítulo Quatro, três temas abrangentes emergiram do processo de delimitação após uma análise meticulosa das transcrições dos participantes. Estes três temas descrevem a essência das experiências comunicativas dos representantes eleitos. Os três temas abrangentes são: Ferramentas de Comunicação Tradicionais (TCT), Ferramentas de Comunicação Orientadas para a Tecnologia (TOCT) e Desafios para Relações Eficazes entre Representantes e Constituintes (CERCR).

Para abordar as questões de investigação a que este estudo procura responder, vou reexaminar os três temas abrangentes identificados no Capítulo Quatro. A principal questão de investigação é: Quais são as ferramentas das Tecnologias da Informação e da Comunicação (TIC) disponíveis para os deputados da Câmara dos Representantes na Nigéria comunicarem com os seus eleitores? O processo de agrupamento revelou que existem duas ferramentas de comunicação principais utilizadas pelos representantes para comunicar com os seus constituintes, e são elas Ferramentas de Comunicação Tradicionais (TCT) e Ferramentas de Comunicação Orientadas para a Tecnologia (TOCT). As Ferramentas de Comunicação Tradicionais, tal como explicado no Capítulo Quatro, representam a utilização de sistemas de comunicação interpessoais e comunitários bem conhecidos. As Ferramentas de Comunicação Tradicionais identificadas pelos participantes nesta investigação são: contacto direto, gabinete do eleitorado e visitas ao eleitorado. Cada uma destas ferramentas foi desenvolvida no Capítulo IV deste estudo. Por outro lado, as ferramentas de comunicação orientadas para a tecnologia identificadas pelos participantes são o correio eletrónico, o telemóvel e as mensagens de texto. Estas novas tecnologias são impessoais, rápidas, imediatas e económicas. Constituem as ferramentas TIC essenciais utilizadas pelos representantes na Nigéria para comunicar com os eleitores.

Devo salientar que, por se tratar de um estudo exploratório, durante as entrevistas, os participantes não foram limitados nas suas respostas; foi-lhes permitido alargar as suas experiências a questões relacionadas. Além disso, os participantes utilizaram livremente ilustrações práticas, testemunhos e anedotas para explicar as suas experiências de comunicação. Ao fazê-lo, os participantes deram respostas tanto à minha pergunta principal de investigação como às perguntas secundárias de investigação nas suas conversas. Voltando ao quinto passo da abordagem interpretativa de Denzin (2001) - "Construir o fenómeno" -, iniciei o processo de juntar os elementos essenciais das experiências comunicativas dos participantes, reunindo o fenómeno num todo coerente. Nesta fase, as experiências vividas pelos participantes são recriadas de forma a fazerem sentido para o leitor e a darem respostas à minha pergunta de investigação (incluindo as sub-perguntas de investigação). Estas respostas estão entrelaçadas e incorporadas nas histórias de vida dos participantes à medida que estes contam as suas experiências vividas.

Por conseguinte, os debates nesta secção abrangem tipos específicos de ferramentas das tecnologias da informação e da comunicação utilizadas pelos representantes na Nigéria, a forma como as ferramentas TIC estão a ser utilizadas, o impacto das ferramentas e os desafios enfrentados pelos representantes que utilizam estas ferramentas de comunicação.

A utilização das ferramentas das tecnologias da informação e da comunicação na comunicação com os eleitores foi reconhecida pelos participantes como fundamental para as suas funções legislativas, nomeadamente no domínio da representação. Um dos representantes observou que:

As TIC provaram ser o instrumento mais eficaz para comunicar com os eleitores. Se alguém estiver a centenas de quilómetros de distância do seu círculo eleitoral, é possível enviar-lhe um e-mail, por exemplo, ou enviar-lhe mensagens de texto e, em questão de minutos, obtém-se o feedback. Isto provou ser muito eficaz na interação com os eleitores. A Internet, o correio eletrónico e os telemóveis têm desempenhado um papel importante na comunicação com os eleitores. As TIC ajudaram a melhorar os resultados; também ajudaram a aumentar a frequência da interface com os eleitores (R12-791).

Um dos participantes, que trabalhou como funcionário na Câmara dos Representantes desde 1999, contou a sua experiência e afirmou que:

De um modo geral, as TIC ajudaram-nos no nosso gabinete a comunicar eficazmente com o público. De facto, as TIC têm ajudado muito. De facto, se olharmos para 1999, quando chegámos, não tínhamos serviços de Internet e não havia GSM, pelo que, nessa altura, era difícil. Se tivéssemos de comunicar, tínhamos de utilizar a linha terrestre ou enviar um correio de superfície. Hoje, as mensagens são transmitidas instantaneamente por correio eletrónico, telemóveis ou mensagens de teste. Por isso, as TIC ajudaram muito, mas é claro que ainda há espaço para melhorias (S19-1369).

Durante o processo de seleção, as três ferramentas de Tecnologias de Informação e Comunicação identificadas pelos representantes foram: E-mail, telefone celular e mensagem de texto.

Correio eletrónico

A utilização da Internet através do correio eletrónico foi identificada pelos participantes como uma das novas tecnologias utilizadas para comunicar com os cidadãos. Um representante afirmou que: "Eles (os meus eleitores) também me enviam e-mails; eu acedo ao meu e-mail regularmente. Podem enviar-me mensagens de correio eletrónico a partir do gabinete do meu círculo eleitoral" (R2-116). Outro participante referiu que "[t]emos ligação à Internet em Abuja e no escritório do nosso círculo eleitoral. As pessoas podem contactar-nos através de correio eletrónico e os honoráveis têm um sítio Web pessoal" (S26-2055). No entanto, a capacidade dos representantes para utilizar eficazmente o correio eletrónico para comunicar com os seus eleitores é limitada pelo nível de literacia, acessibilidade e desafios infra-estruturais. Um participante explicou: "Recebemos mais e-mails dos jovens, que, se reparar, na Nigéria são os que estão no cibercafé. São eles que se esforçam por nos enviar e-mails e falar connosco em linha" (S22-1657).

Outro fator que determina a utilização do correio eletrónico pelos representantes é o tipo de círculo eleitoral de onde provém o representante, seja ele rural ou urbano. Devido ao desenvolvimento inadequado das infra-estruturas, juntamente com outros factores mencionados anteriormente, muitas vezes, apenas os representantes das zonas urbanas têm acesso à Internet. Um dos membros do pessoal atestou este facto:

O nosso círculo eleitoral é maioritariamente urbano; não há zonas rurais. A Senhora Deputada disponibilizou o seu endereço eletrónico aos eleitores e lançou o seu sítio Web. As pessoas têm visitado o sítio Web e temos recebido reacções das pessoas. E isto reduziu efetivamente o tráfego no nosso gabinete, pois antigamente vinham muitas pessoas. Mas agora, com a utilização da Internet, tem havido comunicação entre alguns eleitores e o nosso gabinete (S24-1920).

O problema da acessibilidade foi também corroborado por outro participante, que afirmou "Em grande medida, diria mesmo que estamos um pouco avançados neste gabinete porque, para além do acesso que temos à Internet por parte da Assembleia Nacional, temos os nossos próprios meios alternativos e comunicamos muito pela Internet com os nossos eleitores" (S30-2325). Os testemunhos acima confirmaram que a utilização do correio eletrónico pelos representantes eleitos é limitada por outros factores, incluindo, entre outros, a acessibilidade, o nível de literacia e o desenvolvimento inadequado das infra-estruturas.

Telemóvel

Ao discutirem a utilização de ferramentas TIC na comunicação com os eleitores, vários participantes apontaram o telemóvel como a ferramenta TIC mais potente que alterou significativamente as suas experiências de comunicação. Um representante reconheceu a preponderância dos telemóveis entre os seus eleitores, afirmando que:

A maior parte da nossa comunicação é feita através de telemóveis neste gabinete. Nesta era do GSM, este tornou-se um verdadeiro instrumento de comunicação com os nossos eleitores, porque estas redes estão espalhadas por todo o país. No meu círculo eleitoral, temos várias redes como a MTN, a GLO e outras, pelo que é muito fácil para nós comunicar com eles diariamente. Podemos telefonar-lhes, eles podem telefonar-nos ou enviar-nos mensagens de texto (R16-1065).

A utilização do telemóvel pelos representantes na Nigéria é tão generalizada que se tornou parte da sua vida quotidiana. Um representante disse simplesmente Utilizo o telemóvel todos os dias para comunicar com as pessoas e com o pessoal do meu círculo eleitoral" (R6-445).

Outro representante afirmou que: "Abro as minhas linhas; não as adio 24 horas por dia e por noite para que possam comunicar e falar comigo" ((R11 -691).

Apesar de o telemóvel (também conhecido como Global Systems for Mobile Communications - GSM) ter sido introduzido no mercado nigeriano em 2002, os representantes tiraram partido das suas múltiplas funções para satisfazer as suas necessidades de comunicação. Alguns representantes utilizaram os telemóveis para comunicar com mais do que uma pessoa ao mesmo tempo. Um dos representantes recordou que: "Quando comunico com os membros do meu círculo eleitoral, falo mais com eles por telefone.... Faço reuniões por conferência telefónica com eles se não puder ir a casa. Telefono-lhes e eles põem o telefone no altifalante para que eu possa falar com as pessoas" (R2-96). Outra representante relatou a sua experiência com a utilização desta nova tecnologia, afirmando que:

E, por vezes, até podem estar a ter uma reunião e telefonam-me enquanto ainda estão na reunião, e eu junto-me a eles na reunião a partir do meu local. Eles informam-me sobre o que discutiram, talvez as resoluções, e eu acrescento os meus próprios contributos. E pode ser num grupo de 10 ou 20 pessoas. Colocam o telefone no altifalante, o que pode ser descrito como uma chamada em conferência. Normalmente, tenho sessões interactivas com eles, em que apresento as minhas opiniões e eles podem responder. Se tiverem mais pontos, aceito as suas opiniões, se não tiverem, e se os conseguir convencer, aceitam as minhas sugestões. Isto tem-me ajudado muito. Por vezes, mesmo que eu esteja a falar com uma pessoa na reunião, eles podem colocá-lo no altifalante para que todos tenham a certeza de que sou eu que estou a falar (R1 -7).

Do mesmo modo, um funcionário referiu que utilizava o telemóvel para comunicar com mais do que um eleitor ao mesmo tempo: "Várias vezes utilizámos o telemóvel para comunicar com mais do que uma pessoa ao mesmo tempo. Por exemplo, um participante recordou que: "se há uma reunião que requer a presença do meu chefe e ele não pode estar presente, o funcionário do círculo eleitoral vai lá para o representar e, enquanto ele está lá, pomos o telefone no altifalante e o meu chefe dá as suas contribuições" (S26-2035). Estas experiências variadas demonstraram o valor inestimável que a utilização da tecnologia do telemóvel tem tido para os participantes. A tecnologia do telemóvel melhorou o desempenho dos representantes na Nigéria, especialmente na área central da representação, chegando às pessoas, ouvindo-as e fazendo com que as vozes dos cidadãos sejam ouvidas.

Além disso, alguns dos funcionários entrevistados forneceram ilustrações gráficas e testemunhos do impacto do telemóvel nos seus esforços de comunicação. Uma funcionária falou sobre a utilização do telemóvel no seu gabinete:

A ferramenta de comunicação mais utilizada neste gabinete é o telemóvel. A revolução dos telemóveis está a tomar conta de tudo e é muito mais fácil para as pessoas do círculo eleitoral telefonarem devido à impossibilidade de acederem a outros meios de comunicação.... Toda a gente tem acesso a um telefone, e o Senhor Deputado é muito generoso com os seus números, disponibiliza os seus números de telefone a todos os membros do seu círculo eleitoral. Não há nenhuma chamada telefónica de um eleitor que ele não atenda, desde que tenha o telefone consigo; se não tiver, nós atendemos a chamada. Tentamos descobrir qual é o problema e, se for algo que possamos resolver diretamente por telefone, fazemo-lo. Trabalhamos no assunto e telefonamos-lhes. Trabalhamos no problema e telefonamos-lhes a dizer que fizemos isto ou aquilo. Por isso, o telemóvel tornou-se a ferramenta mais eficaz de comunicação com os eleitores (S22-1584).

Outro funcionário, que trabalhou mais de quinze anos na Câmara dos Representantes da Nigéria, reflectiu sobre as suas experiências:

É óbvio que o advento dos telemóveis alterou o panorama da comunicação na Assembleia Nacional e na Nigéria como um todo. O telemóvel é o instrumento de comunicação mais utilizado entre o pessoal e os deputados da Câmara dos Representantes. Para aqueles de nós que já estão na Assembleia Nacional há algum tempo, podemos ver as mudanças que ocorreram nos últimos 10 anos desde a introdução do GSM. A tecnologia do telemóvel facilitou uma melhor comunicação entre os deputados e o pessoal, e entre os deputados e os seus eleitores. Antes da introdução do telemóvel, era muito difícil para os deputados comunicarem com o seu pessoal, mesmo dentro das instalações da Assembleia Nacional, mas isso mudou nos últimos 8 anos (S31-2370).

Da mesma forma, os participantes concordaram que os telemóveis os ajudaram a resolver um dos principais problemas de comunicação enfrentados pelos representantes eleitos na Nigéria - acessibilidade e alcance. Os participantes observaram que a tecnologia dos telemóveis aumentou a sua acessibilidade às pessoas. Um representante afirmou que "o telemóvel é a ferramenta mais utilizada para comunicar com os membros do meu círculo eleitoral. É fácil para mim contactá-los e para eles contactarem-me através do telemóvel" (R6-441). Outra participante recordou as suas experiências dos seus dias como jornalista que cobria a Assembleia Nacional da Nigéria antes de se tornar funcionária da Câmara dos Representantes:

Penso que o telemóvel revolucionou completamente a comunicação na Nigéria. Lembro-me de ter começado a trabalhar na Assembleia Nacional em 1999, como jornalista, e nessa altura ainda não havia telemóveis, pelo que, segundo a minha observação, era mais difícil para os deputados chegarem aos seus eleitores. Tinham de se deslocar aos seus círculos eleitorais para falar com as pessoas, para se encontrarem com elas, para se reunirem nas suas casas, para visitarem pessoas e coisas do género. Mas agora, com o telemóvel, é muito mais fácil ... estar em contacto direto, imediato, com alguém (S22-1613).

Vários participantes falaram do impacto do telemóvel na criação de acesso para as pessoas chegarem aos seus representantes e para os representantes estarem em contacto regular com as pessoas. Um participante afirmou que: "De facto, temos uma linha dedicada exclusivamente à comunicação com o eleitorado e, sempre que o telefone toca, sabemos que temos de agir imediatamente" (S29-2262). Ainda sobre a acessibilidade, outro participante disse: "A ferramenta de comunicação mais comum que utilizamos é o telemóvel, porque é muito fácil entrar em contacto com as pessoas utilizando o telemóvel" (S21-1520). Um funcionário recordou a sua experiência com a utilização do telemóvel para contactar os eleitores, afirmando que

A utilização do telefone tem sido bastante eficaz. Com o advento dos telemóveis e a expansão cada vez maior das respectivas redes em todo o país, podemos contactar os nossos eleitores e eles podem responder-nos. Podem falar diretamente connosco ou enviar-nos mensagens de texto. Praticamente em todos os recantos do círculo eleitoral, temos agora acesso às pessoas por telefone (S20-1413).

Do mesmo modo, com a ajuda dos telemóveis, os deputados têm mais facilidade em estar em contacto com o seu pessoal quando estão fora de Abuja. Um dos funcionários da Câmara dos Representantes explicou que "um dos principais impactos do telemóvel é o facto de permitir que todos estejam acessíveis e ligados. Mesmo quando os deputados estão fora de Abuja, seja nos seus círculos eleitorais, fora do país ou numa função legislativa fora de Abuja, podem ser facilmente contactados através dos seus telemóveis. Assim, o trabalho continua, quer os deputados estejam presentes ou não" (S31 -2384).

Outro participante descreveu a sensação palpável de alívio que o telemóvel trouxe às suas experiências de comunicação enquanto funcionário da Câmara dos Representantes:

É uma boa notícia o facto de termos telemóvel. De outra forma, se não fosse o telemóvel, eles (eleitores) teriam de vir a Abuja sempre que precisassem de nós, porque se escrevessem, não teríamos a certeza de que receberíamos as mensagens. Mas agora, graças ao GSM, as pessoas não têm de se deslocar, num piscar de olhos, as mensagens são enviadas (S29- 2277).

Mensagens de texto (SMS)

As mensagens de texto são outra ferramenta TIC importante identificada pelos participantes para comunicar com os seus eleitores. Embora as mensagens de texto sejam um dos serviços adicionais fornecidos pelos telemóveis, os representantes eleitos consideram que as mensagens de texto são convenientes, mais baratas e podem ser recuperadas quando o destinatário o desejar. Um representante afirmou que: "Aqueles que não me podem contactar durante o dia podem enviar-me mensagens de texto e, quando volto ao gabinete, costumo telefonar a um dos meus funcionários para que recupere todas as mensagens nos meus telemóveis e nós respondemos em conformidade" (R5-344). Outro participante explicou que "é fácil para mim contactá-los (eleitores) e para eles contactarem-me através do telemóvel ou enviarem uma mensagem de texto para o meu telefone" (R6-442). Embora as mensagens de texto sejam um derivado da tecnologia dos telemóveis, os representantes consideram a sua utilização mais fácil e conveniente devido à flexibilidade que a tecnologia lhes oferece.

Por fim, um dos participantes resumiu a sua experiência com a utilização do telemóvel, incluindo as mensagens de texto, como gratificante e produtiva. Afirmou que "não há como negar que ele (o telemóvel) trouxe uma melhoria tremenda na nossa comunicação agora, naqueles dias, claro, era difícil conseguir que alguém fizesse o que queríamos que fizesse" (S-1983). Os relatos pessoais dos participantes acima referidos indicam os tipos de ferramentas TIC utilizadas pelos representantes, a forma como as ferramentas estão a ser utilizadas e o impacto dessas ferramentas na comunicação com os seus eleitores.

Tal como indicado nas histórias pessoais dos participantes, apesar da identificação das principais ferramentas TIC utilizadas pelos representantes, a comunicação com os seus eleitores continua a apresentar alguns desafios para os representantes. Há experiências positivas, como explicado acima, e algumas experiências são negativas. Os principais desafios que os representantes enfrentam na comunicação com os seus eleitores são classificados em três áreas pelos participantes. São elas a pobreza, a falta de compreensão das funções de um legislador e a falta de infra-estruturas e sistemas de apoio adequados.

Pobreza

De acordo com o Relatório de Desenvolvimento Humano do Programa das Nações Unidas para o Desenvolvimento (2008-2009), mais de 70 por cento da população nigeriana vive abaixo do nível de pobreza. O elevado nível de pobreza constituiu um grande constrangimento nas relações representante-constituinte. Um dos participantes coloca a questão da seguinte forma: "A política no Terceiro Mundo é inacreditável. O nível de pobreza elevou a política a outro nível. Os desafios ultrapassam o que é normal" (R4-263).) Um representante explicou o impacto da pobreza na sua comunicação com os seus eleitores, dizendo

Bem, se comunicarmos com 100 pessoas, 80% estão à procura de dinheiro e 20% estão à procura de emprego. Estes são os desafios e sabemos que não podemos dar dinheiro aos 80% que procuram dinheiro por uma razão ou por outra (R6-448).

Outro participante apoiou as estatísticas acima referidas a partir das suas próprias experiências pessoais, tendo afirmado que

Por causa do nível de pobreza, fome e outras questões relacionadas nesta parte do mundo... pelo menos para mim, dos 100 e-mails, cartas ou mensagens de texto que recebi, seja numa semana ou num mês, 95 deles são para ajuda financeira. Mesmo quando estou em casa e eles podem ver-me, vêm a minha casa, jantamos e bebemos vinho juntos, mas o ponto principal da discussão é a ajuda financeira (R5-408).

Em consequência do elevado nível de pobreza, os eleitores esperam que os seus representantes resolvam os seus problemas financeiros pessoais, o que constitui uma grande preocupação para os representantes. Um participante disse: "Quando se fala com os eleitores, há muitas exigências e essas exigências assumem diferentes formas e, por vezes, são muito falsas, são coisas que são esmagadoras. Podemos imaginar que, num dia, recebemos cerca de 30 chamadas a pedir dinheiro para escolas para crianças (S27-2094). Um participante apresentou um gráfico ilustrativo da sua experiência com os eleitores.

Muitas vezes sentamo-nos aqui e as pessoas vêm com problemas que não estão relacionados com o círculo eleitoral. Vêm com problemas pessoais; vêm com questões que reduzem o gabinete a... não sei, não sei se tenho as palavras certas agora. Vêm com problemas muito ridículos e inacreditáveis, como alguém que chega ao pé de nós e nos diz que a mulher está grávida e que vai dar à luz e que precisa de ajuda financeira. Devem trazer coisas que tenham impacto na sociedade, que tenham impacto no círculo eleitoral (S18-1307).

Um dos participantes resumiu-o da seguinte forma: "O elevado nível de pobreza é um grande problema" (S24-1946). A questão da pobreza é uma grande fonte de preocupação para os participantes, e um representante sugeriu que algo deve ser feito para resolver este problema:

Para ser sincero, é necessário abordar a política de uma perspetiva diferente da atual. É necessário que os líderes a todos os níveis recriem e construam o nível de confiança esperado entre os governantes e os governados. Isto deve-se ao facto de a pobreza estar a corroer cada vez mais os tecidos da nossa sociedade e de não haver esperança de que as autoridades estejam a abordar estas questões, na medida em que elas (as pessoas) as vêem cada vez mais gordas e as suas hipóteses de sair da pobreza são cada vez menores (R4-289).

Falta de compreensão das funções de um legislador

Outra questão identificada pelos participantes como um obstáculo à comunicação efectiva entre representantes e eleitores foi a falta de compreensão das funções de um legislador. Como já foi referido no primeiro capítulo, pela primeira vez desde 1960, quando a Nigéria se tornou independente do domínio britânico, o país acaba de assistir a doze anos de governação democrática ininterrupta. Desde 1966, a história e o desenvolvimento da legislatura da Nigéria foram marcados por interrupções e deslocações devido a intervenções militares na governação. Um participante observou que: "A legislatura é considerada uma aberração na Nigéria porque, dos 50 anos de independência, 40 foram governados pelos militares" (R9-628).

A maior parte dos participantes reconheceu que a falta de compreensão das suas funções enquanto representantes eleitos é um grande inconveniente:

A falta de compreensão das funções da legislatura é um dos problemas que estamos a enfrentar, porque se as nossas funções forem compreendidas e conhecidas por aqueles que nos elegeram (eleitores), teremos menos problemas. Mas as nossas funções ainda não foram compreendidas pelos nossos eleitores. A maioria dos nossos eleitores não conhecia as nossas funções. Como somos legisladores, não adjudicamos contratos, mas as agitações e os pedidos que recebemos diariamente da nossa população são outra coisa (R7-526).

Um participante disse que a expetativa de um nigeriano médio é que o seu representante se ocupe das suas necessidades pessoais e familiares. Este facto sobrecarrega desnecessariamente os representantes. Um representante observou que:

Há um problema muito grande na compreensão que as pessoas têm do papel de um legislador. O problema é que as pessoas não foram capazes de distinguir o papel de um parlamentar, um parlamentar não é responsável pelas despesas; a sua função básica é fazer leis. Mas a impressão do nigeriano médio é que um membro do Parlamento é suposto ser responsável pelo dinheiro, por isso vêm com todo o tipo de exigências e expectativas. Por vezes, se não formos capazes de satisfazer essas expectativas, isso torna-se um problema (R12-810).

Outro participante recordou que, apesar dos seus esforços para explicar as suas funções às pessoas, estas continuam a não compreender o que faz um legislador.

Tentamos, tanto quanto possível, fazer com que o nosso povo compreenda, com que os nossos eleitores compreendam que, basicamente, o nosso papel aqui, enquanto membros da Assembleia Nacional, é legislar e fazer leis. E, tanto quanto possível, tentamos educar e fazer com que compreendam que não nos envolvemos na adjudicação de contratos. A principal queixa é que esperam tanto de nós em termos de adjudicação de contratos, que não estamos em posição de o fazer. Tentamos, tanto quanto possível, explicar-lhes e fazê-las compreender que o nosso principal objetivo como membro da Assembleia Nacional, como legislador, é fazer leis para o país, para benefício de todos, e se não fizermos essas leis, será absolutamente difícil para o nosso país avançar. E as pessoas parecem não apreciar isso, mas o que esperam de si é que lhes dê dinheiro ou que lhes dê contratos (R14-904).

Um funcionário da Câmara dos Representantes coloca a questão noutra perspetiva: afirma que, muitas vezes, as pessoas pensam mais em si próprias do que no bem público.

O principal desafio é a sua falta de apreciação ou compreensão dos deveres de um legislador. É do conhecimento geral que as pessoas do círculo eleitoral tendem a pensar e a sentir que o benefício de interagir com o seu legislador é ter uma fatia do bolo nacional, e não pensam que os legisladores desempenham papéis melhores. Por isso, quando interagimos com eles e lhes damos a conhecer questões políticas que pensamos poderem, a longo prazo, afetar o público em geral (os nossos eleitores), eles tendem a querer concentrar-se mais nos seus benefícios individuais imediatos do que em coisas que serão de interesse geral para o círculo eleitoral (S18-1277).

Uma das consequências deste problema são as distracções. Os representantes não conseguem concentrar-se nas suas funções principais devido às exigências irrealistas e às elevadas expectativas das pessoas. Um participante referiu que:

Outra consequência negativa é o facto de não ter podido desempenhar as minhas funções primárias de legislador. Pediram-me para fazer coisas que estão fora dos meus horários normais. Pediram-me para atender às suas necessidades em termos de cerimónias de batismo, cerimónias de casamento, necessidades como a sua latrina ruiu, o seu poço aberto cedeu, o seu telhado está a ceder, há uma fuga aqui, a sua parede está a cair... ele está a tentar fazer uma cerimónia de casamento para os seus irmãos, tem um processo em tribunal, uma morte aqui, uma cerimónia de enterro ali. Todos estes pedidos resultam da falta de compreensão do papel do legislador. Para eles, eu deveria ser capaz de resolver estes problemas. Este é um bom representante (R4-271).

Infra-estruturas e sistemas de apoio inadequados

O terceiro obstáculo à comunicação efectiva entre representantes e constituintes mencionado pelos participantes foi a inadequação das infra-estruturas e dos sistemas de apoio. A falta de infra-estruturas adequadas é um problema que afecta todo o país. Um participante observou que: "Os principais desafios são os desafios do país em geral, ou seja, a pobreza e a falta de boas infra-estruturas" (R9-626). O problema do desenvolvimento inadequado das infra-estruturas é transversal aos principais sectores da economia, da energia à indústria das telecomunicações. Um participante disse:

Um dos maiores desafios que enfrentamos é a falta de desenvolvimento de infra-estruturas, mesmo nas áreas das telecomunicações. Na maioria das vezes, as chamadas podem não ser efectuadas devido à falta de serviços bons e fiáveis. Descobrimos que alguns dos fornecedores de serviços não têm capacidade suficiente para lidar com o número de assinantes nas suas redes. Isto resulta em congestionamentos e numa má prestação de serviços (S31- 2384).

Um representante explicou como o problema afecta a sua interação com os seus eleitores: "A maior parte das redes de comunicação não são fiáveis. Desactivam-se e desligam-se sem qualquer aviso formal por parte dos fornecedores de serviços. Por isso, é difícil comunicar com os nossos eleitores ou mesmo com o gabinete do círculo eleitoral e é o mesmo problema que os nossos eleitores comunicam connosco" (R5-364).

Continuando a seguir o quinto passo da abordagem interpretativa de Denzin, "Construir o fenómeno", que implica colocar os elementos essenciais do assunto num todo coerente, a fim de responder às minhas perguntas de investigação. Identifiquei as frases-chave, os temas e as caraterísticas recorrentes acima referidos que captavam a essência do fenómeno estudado e atribuí-lhes um significado na perspetiva dos participantes.

O sexto passo da abordagem interpretativa de Denzin (2001) chama-se "Contextualização do fenómeno". Esta é a fase final do processo interpretativo, tal como explicado no Capítulo Três, o objetivo da contextualização é mostrar como as experiências dos participantes moldaram ou alteraram o fenómeno. Nesta fase, o investigador interpreta as estruturas e os temas essenciais que foram identificados e dá-lhes significado, situando-os no mundo social dos participantes (Denzin, 2001). Para mim, este processo representa o auge da investigação que aponta para o que considero ser a ferramenta das Tecnologias de Informação e Comunicação com maior potencial para os representantes comunicarem com os eleitores, ou seja, as mensagens de texto.

Faz sentido enviar mensagens de texto

Os participantes identificaram o telemóvel (GSM) como a ferramenta de tecnologia da informação e comunicação omnipresente e mais utilizada pelos representantes eleitos na Nigéria para comunicar com os seus eleitores. Como salientou uma participante com base na sua experiência:

O telemóvel é transversal aos idosos, à meia-idade, toda a gente tem um telemóvel na Nigéria. Os desempregados têm telemóveis... É lindo na Nigéria, porque podemos ir para debaixo de uma mangueira e há sempre alguém com um telemóvel onde, por 20 ou 30 nairas, podemos fazer uma chamada rapidamente, porque às vezes ouvimos alguém dizer: "Por favor, pode ligar-nos rapidamente para esta linha? Anotamos o número e voltamos a ligar rapidamente. Digo mesmo que o telemóvel revolucionou a comunicação na Nigéria e ajudou os legisladores a chegarem ao seu povo, a estarem lá para eles (S22-1658).

Embora o relato acima tenha sido significativo e corroborado por vários participantes, uma experiência particular partilhada pelo mesmo participante destaca-se como essencial para as experiências comunicativas dos meus participantes, disse ela:

O que também notei é que, com o telemóvel, diminuíram as cartas vindas do círculo eleitoral, as pessoas só telefonam. Quando lhes dizemos oh! Sabes que mais; podias ter escrito, preferem enviar-te a informação por SMS. Se há um problema para o qual precisam de ajuda, ou se estão à procura de informações a nível federal, preferem enviar uma mensagem de texto e dizer: "Estamos com este problema, pode contactar o Ministério do Ambiente, pode contactar isto, isto, isto", enviam uma mensagem de texto, não escrevem e acho que é mais fácil, mais rápido, mais barato. E porque, como eu disse, o nível de literacia informática é baixo e as pessoas não andam com os computadores portáteis, faz sentido enviar mensagens de texto (S22-1626).

Analisando as caraterísticas isoladas e as frases-chave dos meus participantes, a afirmação acima revelou que as mensagens de texto são o núcleo das experiências comunicativas dos representantes nigerianos. Indicou que as mensagens de texto são a ferramenta TIC com mais potencial para os representantes eleitos comunicarem com os eleitores. Um dos participantes captou-o de forma sucinta quando disse

É apenas uma questão de alguns minutos, no momento em que fala, toda a gente está ciente disso, e pode enviar uma mensagem de texto se tiver dez alas, nessa mensagem de texto as pessoas das 10 alas receberão essa mensagem instantaneamente (R10-671).

Outro representante confirmou que as mensagens de texto são fáceis e cómodas para ele, afirmando que: "Aqueles que não me podem contactar durante o dia podem enviar-me mensagens de texto e, quando volto ao escritório, normalmente chamo um dos meus funcionários para recuperar todas as mensagens nos meus telemóveis e respondemos em conformidade" (R5-344). Este facto realça as conveniências e a flexibilidade das mensagens de texto. Ao contrário do telemóvel, as mensagens de texto não constituem qualquer obstáculo para os deputados no desempenho das suas funções legislativas. Uma deputada observou que um dos inconvenientes do telemóvel é que as pessoas esperam que os deputados atendam o telefone a toda a hora:

Na verdade, às vezes (o telemóvel) pode ser um pouco incómodo, porque 24 horas por dia, 7 dias por semana, as pessoas podem telefonar do meu círculo eleitoral às 3 da manhã e dizer "só queria dizer olá". E, por vezes, ficam irritadas se não atendermos a tempo. Quando as vemos, elas dizem: O que é que eu fiz para não me atenderem o telefone? Eles esperam que estejamos lá 24 horas por dia, 7 dias por semana, e se não estivermos

lá, ficam ofendidos e também esperam que peguemos no telefone e lhes liguemos (R1 -54).
Um participante explicou que "quase seis em cada dez pessoas que se encontram no meu círculo eleitoral sabem o meu número de telefone, telefonam-me e enviam mensagens de texto" (R9-614). Um participante apoiou a sua experiência de utilização de mensagens de texto com estatísticas, afirmando que "se eu abrisse a minha caixa de mensagens de texto, descobriria que mais de 75% das mensagens aí contidas têm a ver com comunicações dos meus constituintes" (R11 -714). Muitas vezes, os deputados têm dificuldade em utilizar os seus telemóveis durante as sessões plenárias, as reuniões das comissões e as audições públicas. No entanto, as mensagens de texto são populares entre os participantes porque podem ser consultadas quando o destinatário o desejar. Mais importante ainda, as mensagens de texto não constituem qualquer obstáculo para os representantes porque não têm de responder imediatamente. Um participante explicou: "Alguns (constituintes) enviam mensagens de texto e, quando vimos aqui diariamente, copiamos muitas mensagens de texto.... Temos de filtrar as mensagens de texto e começar a escrevê-las" (S23-1794).

Por fim, as mensagens de texto representam a essência desta investigação como a ferramenta de comunicação com maior potencial para alterar as experiências comunicativas dos representantes. Algumas das caraterísticas únicas da tecnologia móvel identificadas pelos participantes incluem: conveniência, portabilidade, baixo custo, potencial para a distribuição maciça de informações e facilidade de acesso. A partir dos relatos pessoais de experiências vividas pelos participantes, as mensagens de texto parecem ter um maior potencial para os representantes estarem ligados aos seus constituintes, para envolverem os cidadãos nos processos políticos e de tomada de decisões.

Avançar na comunicação política através de politexting

Enquanto trabalhava na minha análise de dados, o Pew Research Center, uma organização "fact tank" apartidária sediada nos Estados Unidos que realiza estudos sobre questões e atitudes em relação à imprensa, à política e às políticas públicas, divulgou o resultado do seu inquérito de opinião pública sobre a utilização do telemóvel na participação política nos Estados Unidos. O resultado do inquérito de opinião pública divulgado a 23 de dezembro de 2010 confirmou que os telemóveis se tornaram uma ferramenta de comunicação política essencial para os adultos americanos e que muitos americanos estão a recorrer às mensagens de texto para satisfazer as suas necessidades de comunicação. O relatório indicou que 82% dos adultos americanos têm telemóveis e 71% deles utilizam mensagens de texto e mais de um quarto dos americanos (26%) utilizaram os seus telemóveis para se informarem ou participarem nas campanhas eleitorais intercalares de 2010.

O resultado do estudo da Pew Research incitou-me a agir e tive um súbito salto intuitivo de como o estudo da Pew estava relacionado com a minha investigação. Com este desenvolvimento, comecei a aprofundar os meus dados para me ligar a pontos essenciais das experiências dos meus participantes. Quando comecei a rever as transcrições das entrevistas e a voltar às frases-chave entre parênteses e às declarações pessoais dos participantes, reconheci que a tecnologia das mensagens de texto se tornou uma verdadeira ferramenta na comunicação política atual, um fenómeno crescente entre os participantes, uma situação que descrevi como - Politexting. Um dos participantes descreveu o fenómeno das mensagens de texto da seguinte forma

Não consigo imaginar se não tivéssemos mensagens de texto, se não tivéssemos serviços telefónicos, não consigo imaginar o que teria acontecido. O correio eletrónico não é muito utilizado porque poucas pessoas têm acesso a computadores. Posso imaginar que, se não houvesse telefone, o desafio poderia ter sido muito grande, mas é muito cómodo e muito eficaz através do telefone e, mais importante, através das mensagens de texto (R10-654).

O politexting (ou seja, a utilização de mensagens de texto na política) é um ato de comunicação inovador que utiliza a tecnologia dos telemóveis (GSM) como instrumento de comunicação política. Com a tecnologia atual, as mensagens de texto permitem recuperar imediatamente mensagens de outros telemóveis. Permite que os indivíduos revejam as suas mensagens quando lhes for conveniente - em qualquer lugar e a qualquer momento. As mensagens de texto aparecem num telemóvel que se leva sempre consigo. As mensagens de texto permitem receber alertas de forma silenciosa e fácil quando são necessárias decisões e acções imediatas (Omar, Sanchez, & Bhutta, 2009). Um dos participantes atestou que os seus eleitores o mantinham a par dos acontecimentos no círculo eleitoral através de mensagens de texto. Ele disse que "Eles (eleitores) telefonam-lhe, enviam-lhe mensagens de texto, dizem-lhe o que querem e, se houver algum problema, alertam-no através das mensagens de texto ou, se houver algum desenvolvimento, chamam a sua atenção para ele" (R7-507).

A influência crescente das novas Tecnologias da Informação e da Comunicação (TIC), em particular da tecnologia dos telemóveis, em muitos aspectos da vida tem sido significativa. Do mesmo modo, o seu impacto na política e nas campanhas políticas é manifesto e reconhecido em todo o mundo. A influência política dos telemóveis é agora reconhecida no contexto mais vasto da democracia, especialmente na construção de redes e coligações, no fornecimento de informações a apoiantes e aliados políticos e na participação dos cidadãos.

O relatório do estudo Pew Research (2010) confirma esta afirmação de que a influência crescente da tecnologia móvel na comunicação política está a aumentar. Segundo o estudo, "a conetividade móvel tornou-se uma caraterística crescente em todos os tipos de comunicação e trocas de informação - incluindo a política - e a conetividade móvel está a tornar-se uma caraterística regular das campanhas políticas" (p. 3).

Um estudo cuidadoso do Politexting (utilização de mensagens de texto) como instrumento de comunicação política remonta a 2001, quando o antigo Presidente das Filipinas, Joseph Estrada, foi forçado a demitir-se, em parte devido à campanha de massas organizada através de mensagens de texto. Celdran (2002) explicou que as caraterísticas peculiares das mensagens de texto, como a conetividade, a rapidez, a relação custo-eficácia, a mobilidade e a confidencialidade, fizeram delas um instrumento potencial para mediar a informação política e acelerar o processo de mudança política, como se verificou nas Filipinas em 2001. Do mesmo modo, em Espanha, em 2004, as mensagens de texto ajudaram a derrubar o governo de José Maria Aznar após os atentados bombistas nos comboios de Madrid (Graff, 2008).

Nas eleições presidenciais de 2008 nos Estados Unidos, o então candidato Barack Obama anunciou a sua escolha para vice-presidente por mensagem de texto. Além disso, a campanha eleitoral de Obama em 2008 utilizou intensamente o Politexting durante o período de campanha para mobilizar os eleitores e levá-los a votar. Ao inscreverem-se com o seu número de telemóvel, os voluntários recebiam actualizações periódicas da organização da campanha de Obama, bem como avisos antecipados sobre eventos locais e aparições públicas (www.barackobama.com/mobile). Da mesma forma, organizações não partidárias na Albânia (2007), Bahrein (2006), Indonésia (2005), Montenegro (2006), Serra Leoa (2007), Gana (2008) e Líbano (2009) utilizaram mensagens de texto para desenvolver um sistema de comunicação rápida que pode movimentar um grande volume de informação de forma rápida e fiável durante o processo de monitorização das eleições. A utilização de SMS na monitorização das eleições ajudou a salvaguardar a santidade dos boletins de voto e a reforçar a confiança dos cidadãos no processo eleitoral (Schuler, 2008). O politexting é um fenómeno emergente (e não) novo, destinado a alterar os padrões de comunicação e divulgação política entre os cidadãos de todo o mundo. Omar, Sanchez, & Bhutta (2009) afirmam que "o mundo está rapidamente a tomar consciência do método mais rápido de comunicação e da comunicação mais privada, à medida que mais pessoas utilizam as mensagens de texto SMS. Além disso, as mensagens de texto SMS chegam a 3 mil milhões de telemóveis - ou seja, o dobro das pessoas que podem ser contactadas através da televisão e quase o triplo das que podem ser contactadas através da Internet" (p. 33). Do mesmo modo, Celdran (2002) observou que o papel da telefonia móvel e dos SMS na mobilização dos cidadãos e no envolvimento público apontava para o futuro da comunicação política e para a forma como as novas tecnologias de comunicação e as aplicações interactivas podem acelerar a mobilização política e influenciar o discurso.

Politexting - Um novo modelo para a comunicação representante-constituinte

A utilização de mensagens de texto ou SMS (serviço de mensagens curtas) é um fenómeno crescente nos ambientes empresariais, sociais e políticos actuais. As mensagens de texto estão agora a ser utilizadas para gerar ideias de marketing, interação social, campanha política, angariação de fundos, mobilização dos cidadãos, defesa e criação de redes (Omar, Sanchez, & Bhutta, 2009). Os partidos políticos, os candidatos, os activistas e as organizações não governamentais de todo o mundo estão a aproveitar cada vez mais o potencial móvel das mensagens de texto na sua comunicação política. Do mesmo modo, os representantes podem desenvolver uma estratégia de comunicação em torno desta tecnologia para facilitar uma comunicação eficaz entre eles e os seus eleitores. Por exemplo, existe software gratuito de código aberto, como o FrontlineSMS (http://www.frontlinesms.com/), que converte um computador portátil ou de secretária e um telemóvel num centro de comunicações central. O programa permite aos utilizadores enviar e receber mensagens de texto com um grupo de pessoas através de telemóveis. Uma vantagem significativa deste programa é o facto de funcionar em qualquer lugar com sinal de telemóvel e não requerer ligação à Internet.

Utilizando a tecnologia de mensagens de texto para comunicar com os eleitores, os representantes poderão criar e gerir os seus grupos de contacto relacionados com SMS no escritório do seu círculo eleitoral ou no escritório de Abuja. Ao criar grupos de contacto relacionados com SMS, os representantes terão a oportunidade de enviar e receber mensagens para os grupos de contacto através do computador portátil. O sistema fornece o histórico de mensagens recebidas e enviadas para cada contacto ou grupo com o qual o representante está constantemente em contacto. Além disso, os representantes podem realizar inquéritos, concursos, campanhas de sensibilização, solicitar os contributos e opiniões dos cidadãos sobre questões actuais que afectam os membros dos seus círculos eleitorais.

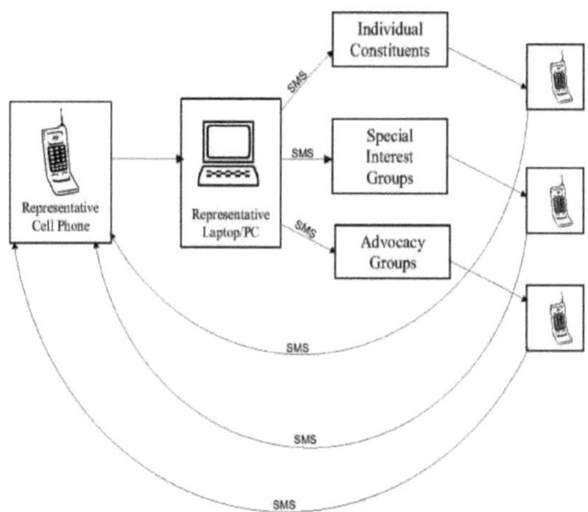

Figura 6.5 Modelo de comunicação Politexting

A partir do modelo de comunicação baseado em SMS acima referido, um representante pode ligar um telemóvel a um computador portátil/desktop, descarregar o software gratuito e aberto que sincroniza um telemóvel e um computador portátil num hub de comunicação central. Uma vez instalado, o programa permite aos representantes enviar e receber mensagens de texto (SMS) de diferentes grupos de pessoas através dos telemóveis. Os eleitores e outros grupos de interesses especiais também podem enviar mensagens de texto para o telemóvel do representante, que são automaticamente enviadas para o centro de comunicação do representante. O centro de comunicações armazena todos os números de telefone e regista as mensagens recebidas e enviadas. Os representantes e/ou o seu pessoal podem recuperar e rever estas mensagens quando lhes for conveniente, sem ligação à Internet. O modelo de comunicação baseado em SMS resolve um dos principais problemas identificados pelos participantes neste estudo - ou seja, o problema de perder muito tempo a vasculhar a caixa de mensagens de texto nos seus telemóveis para recuperar as mensagens de texto.

Além disso, os representantes podem também utilizar um serviço de informação baseado em texto nos seus computadores e agregar facilmente as comunicações dos eleitores em lotes baseados em questões e interesses especiais. Deste modo, a voz colectiva dos cidadãos será ouvida e os representantes reconhecerão o poder da ação colectiva das pessoas e darão voz aos que não têm voz nas suas comunidades. Pelo exposto, na medida em que o objetivo dos representantes é chegar aos seus eleitores e incluí-los no processo de participação política mais amplo, isto pode ser conseguido através da utilização da tecnologia de mensagens de texto. Outras vantagens da tecnologia de mensagens de texto podem ser resumidas da seguinte forma: A inclusão digital é facilmente alcançável e reduz o fosso digital entre os cidadãos. A tecnologia de mensagens de texto não requer ligação à Internet. Mesmo nos círculos eleitorais rurais, onde as competências em TIC e a ligação à Internet são limitadas, as mensagens de texto e a utilização do telemóvel estão amplamente difundidas e são fiáveis, como testemunharam os participantes neste estudo. Isto contribuirá em muito para resolver alguns dos desafios infra-estruturais identificados pelos participantes. Outra vantagem desta tecnologia é o facto de criar uma forte interação social entre os cidadãos. Para além de ligar os cidadãos entre si, as mensagens de texto são um processo interativo. As mensagens de texto permitem a criação de comunidades empenhadas em questões únicas, e os autores das mensagens estão geralmente ligados por uma questão comum.

As mensagens de texto garantem que a comunicação com os eleitores se torna instantânea e que as pessoas que constam das listas de contactos dos representantes são regularmente actualizadas sobre questões e debates actuais. Este sistema proporciona aos representantes um mecanismo de feedback imediato para recolher as opiniões e contribuições dos cidadãos. Ao fazê-lo, abre uma plataforma de comunicação política mais alargada entre os representantes e os eleitores. Além disso, uma vantagem significativa das mensagens de texto é o facto de reduzirem a natureza hierárquica das organizações políticas e do processo de comunicação. O eleitor individual pode ter acesso direto ao seu representante eleito, minimizando, se não eliminando, os intermediários políticos, os intermediários de poder e os líderes de ala que servem de guardiões dos representantes.

A participação dos cidadãos no processo de tomada de decisões e o seu empenhamento no processo democrático são a imagem de marca da democracia representativa. No entanto, existe um fosso cada vez maior entre os representantes eleitos e os cidadãos. As ferramentas das tecnologias da informação e da comunicação foram um dos elementos anunciados como capazes de ajudar os representantes eleitos a colmatar o fosso e a restabelecer a ligação com o público (Lusoli, Ward & Gibson, 2006). Os resultados desta investigação indicam que a tecnologia de mensagens de texto pode ajudar os representantes eleitos a colmatar o fosso de comunicação entre eles e os seus eleitores. Uma das principais vantagens da tecnologia de mensagens de texto é o facto de o serviço estar prontamente disponível na maioria dos telemóveis e não exigir ligação à Internet ou qualquer equipamento especial. Além disso, a tecnologia móvel é transversal a todas as classes económicas e localizações geográficas.

O atual crescimento da utilização de mensagens de texto a nível mundial é astronómico. A União Internacional das Comunicações (UIT), uma das principais agências das Nações Unidas para as questões relacionadas com as tecnologias da informação e da comunicação, declarou no seu relatório anual de 2010 sobre factos e números das TIC que o número total de SMS enviados a nível mundial triplicou entre 2007 e 2010, passando de cerca de 1,8 biliões para uns impressionantes 6,1 biliões. Por outras palavras, são enviadas cerca de 200 000 mensagens de texto por segundo (http://www.itu.int/ITU- D/ict/material/FactsFigures2010.pdf). Estas estatísticas indicam que as mensagens de texto são uma ferramenta de comunicação revolucionária à medida que mais pessoas, organizações e empresas integram as mensagens de texto nas suas estratégias de comunicação e de negócio.

Relações Legislador-Constituintes - Estratégia de Comunicação

Para tirar o máximo partido do modelo de comunicação Politexting, o representante eleito deve conceber uma estratégia de comunicação que inclua, entre outros, os seguintes elementos

- Ter um responsável de comunicação designado que gere os sistemas de comunicação dos membros.
- Reservar uma linha telefónica específica para a comunicação entre legisladores e eleitores.
- Desenvolver um sistema de comunicação simples e adequado ao gabinete do deputado.
- Efetuar consultas regulares ao pessoal para rever e aperfeiçoar a estratégia de comunicação.
- Investir no desenvolvimento do pessoal para aumentar o desempenho e a produtividade.
- Desenvolver um sistema de avaliação para obter feedback regular do pessoal e dos eleitores

Colocar a experiência de investigação em perspetiva

Nesta investigação, propus-me explorar as ferramentas das tecnologias da informação e da comunicação utilizadas pelos membros da Câmara dos Representantes na Nigéria para comunicar com os seus eleitores. O objetivo desta investigação era criar e desenvolver um conjunto de estratégias de comunicação que ajudassem os representantes eleitos na Nigéria a comunicar eficazmente com os seus eleitores. Utilizando a abordagem interpretativa em seis etapas de Denzin (2001), captei a essência das experiências comunicativas dos meus participantes. A aplicação posterior do processo interpretativo de Denzin forneceu o modelo para obter uma visão mais profunda das experiências vividas pelos representantes e da relação com os seus eleitores.

No Capítulo I, indiquei que este estudo será enquadrado na teoria do Modelo de Aceitação de Tecnologia (TAM) ou na perspetiva da Difusão de Inovações de Roger (1983). O modelo TAM sugere que, quando é apresentada aos utilizadores uma nova tecnologia, há uma série de factores que influenciam a sua decisão sobre como e quando a irão utilizar. Estes factores incluem, entre outros, a perceção de utilidade, a facilidade de utilização, a cultura e a acessibilidade. Por outro lado, Rogers (1983) afirmou que um fator importante para a adoção de uma inovação é a sua compatibilidade com os valores, crenças e experiências passadas do indivíduo no sistema social. No entanto, descobri que a maioria dos factores identificados no Modelo de Aceitação de Tecnologia (TAM) e na perspetiva da Difusão de Inovações de Rogers (1983) desempenhou um papel menos significativo na utilização das ferramentas das Tecnologias de Informação e Comunicação pelos representantes eleitos na Nigéria. O único fator dos identificados nas duas teorias que se repetiu nesta investigação foi a questão da acessibilidade.

O resultado deste estudo indica que os participantes não eram avessos às novas tecnologias, mas que a utilização das tecnologias da informação pelos participantes na comunicação com os seus eleitores era afetada por outros factores, como a pobreza, a falta de infra-estruturas e a falta de compreensão do papel dos legisladores. Esta conclusão corrobora as posições de Tettey (2001) e Ezekwesili (2009), segundo as quais a presença ou ausência de certos ambientes propícios, como o desenvolvimento adequado das infra-estruturas, o estatuto económico, a localização geográfica e outros factores atenuantes, afectam o nível de utilização das novas tecnologias em África. Isto implica que a participação dos cidadãos no processo político pode variar mesmo com a ajuda das novas tecnologias.

Os resultados desta investigação revelam que os membros da Câmara dos Representantes da Nigéria utilizam habitualmente três tipos de ferramentas das tecnologias da informação e da comunicação para comunicar com os seus eleitores, para além das ferramentas de comunicação tradicionais de que dispõem: correio eletrónico, telemóveis e mensagens de texto. Os participantes reconheceram que a utilização de ferramentas TIC melhorou as suas capacidades de comunicação com os eleitores e também o desempenho das suas funções legislativas. Uma revelação importante deste estudo é que, apesar dos vários desafios enfrentados pelos representantes eleitos na comunicação com os seus eleitores, os participantes não consideram que as suas relações e comunicação com os eleitores sejam um problema. Pelo contrário, os participantes consideram as relações entre representantes e eleitores como uma componente essencial do processo democrático e um aspeto importante das suas funções legislativas, e acolhem com agrado novas estratégias para melhorar a comunicação entre representantes e eleitores. Isto corrobora a conclusão de Barkan, Mattes, Mozaffar e Smiddy (2010), que afirmam que os representantes eleitos em África dedicam uma percentagem substancial do seu tempo ao serviço dos eleitores porque "o serviço aos eleitores é o aspeto mais satisfatório das suas funções" (p. 9).

Limitações do estudo

O âmbito desta investigação limitou-se a uma comunicação unidirecional de um representante para os eleitores. Este aspeto da comunicação unidirecional inclui também a comunicação interpessoal com cada eleitor e a comunicação com grupos organizados, comunidades ou associações. Um dos pontos fracos do estudo é a incapacidade de incluir os eleitores na investigação e de examinar os tipos de ferramentas de comunicação que utilizam para comunicar com os representantes eleitos. A decisão de limitar o âmbito desta investigação ao sistema de comunicação unidirecional representante-constituinte baseou-se em restrições de tempo e nos recursos limitados de que disponho. A investigação de uma comunicação bidirecional entre representantes e eleitores na Nigéria implicará não só uma quantidade considerável de tempo, mas também recursos substanciais para viajar para diferentes círculos eleitorais em todo o país. Também considerei a realização de pesquisas ou entrevistas com os representantes eleitos um grande desafio, mas ao mesmo tempo um esforço interessante. Os representantes são difíceis de encontrar para conceder entrevistas, mesmo quando concordam em ser entrevistados; foi difícil conseguir a sua atenção durante mais de 30-45 minutos. No entanto, a maioria dos participantes foi muito transparente e aberta nas suas conversas comigo. Mais importante ainda, a minha relação e interação com os participantes durante a investigação basearam-se na confiança e no respeito mútuos. Isto criou um ambiente propício e relaxante durante todo o período de recolha de dados.

Politexting-Modelo teórico e implicações futuras

Os resultados deste estudo deram uma indicação das implicações futuras e do impacto das novas tecnologias na comunicação política. No modelo de comunicação Politexting, três variáveis são fundamentais no modelo teórico, nomeadamente: conveniência, eficácia e custo.

Conveniência: Este modelo proporciona a flexibilidade e a comodidade de que os representantes necessitam para comunicarem com os seus eleitores e responderem aos mesmos, que outros sistemas de comunicação política não possuem. Os legisladores e/ou o seu pessoal podem enviar, recuperar e rever mensagens quando lhes for conveniente, sem ligação à Internet, e com pouca interferência ou perturbação das suas funções legislativas. Mais importante ainda, este modelo de comunicação proporciona privacidade e confidencialidade na comunicação entre os legisladores e os seus eleitores.

Eficácia: O modelo de comunicação Politexting é um sistema interativo que fornece feedback imediato aos representantes e aos eleitores. O modelo tem o potencial de atingir um público mais vasto, tanto em zonas rurais como urbanas, do que a maioria dos outros instrumentos de comunicação política. Ao fazê-lo, abre uma plataforma de comunicação política mais alargada entre os representantes eleitos e a população. Além disso, este modelo de comunicação liga os cidadãos e cria comunidades empenhadas em questões únicas e/ou comuns.

Relação custo-eficácia: Este é outro fator importante que torna este modelo de comunicação único. A maior parte das novas tecnologias são muitas vezes demasiado caras e inacessíveis, o que tende a criar um fosso digital entre os cidadãos. No entanto, o modelo de comunicação Politexting é acessível e reduz o fosso digital entre os cidadãos. O Politexting é fácil e acessível, ao contrário de outros sistemas de comunicação política baseados na tecnologia.

Estas três caraterísticas de conveniência, eficácia e acessibilidade (custo-eficácia) diferenciam o modelo de comunicação Politexting de qualquer outra forma de modelo de comunicação política e fizeram do Politexting a forma mais popular de ferramenta de comunicação política privada. Além disso, estas três condições levaram os representantes e os eleitores a adotar o novo modelo de comunicação a um ritmo mais rápido. No entanto, apesar da confiança crescente e da influência das novas tecnologias, os métodos tradicionais de comunicação, como o face-a-face, as reuniões de câmara, a rádio e a televisão, continuam a desempenhar um papel importante na comunicação política em África. Outros esforços de investigação futuros devem envolver a exploração de uma dinâmica de comunicação bidirecional entre representantes e eleitores. Seria interessante investigar as ferramentas ou métodos de comunicação que estão a ser utilizados pelos eleitores para chegarem aos seus representantes eleitos. Além disso, seria também interessante examinar a importância dos métodos de comunicação tradicionais e do capital social entre os cidadãos, e a forma como estes afectam a emergência das novas tecnologias.

Referências

. (n.d.). *Fundação de Gestão do Congresso*. Recuperado em 20 de outubro de 2010, de http://www.cmfweb.org

. (n.d.). *FrontineSMS*. Recuperado em 10 de março de 2011, de http://www.frontlinesms.com/

. (n.d.). *União Internacional das Comunicações*. Obtido em 10 de março de 2010, de http:// www.itu.int/ITU-D/ict/publications/idi/2009/material/IDI2009_w5.pdf

. (n.d.). *Organizing for America [Organização para a América]*. Recuperado em 15 de janeiro de 2011, do site Obama Mobile Web: http://www.barackobama.com/mobile

AFROBARÓMETRO. (2005). Em P. Lewis & E. Alemika (Eds.), *Seeking the Democratic Dividend: Public Attitudes and Attempted Reform in Nigeria* (Documento de trabalho n.º 52). Cidade do Cabo, África do Sul.

Afrobarómetro. (2006). Em P. Lewis & V. Adetula (Eds.), *Performance and Legitimacy in Nigeria's New Democracy* (Documento de Trabalho n.º 46). Cidade do Cabo, África do Sul.

Anyanwu, C. N. D. (2007). *Os legisladores: Sixth Assembly 2007-2011* (5ª edição ed.). Abuja, Nigéria: Startcraft International Limited.

Balkan, J. D. (2008). Legislatures on the Rise? *Journal of Democracy, 19*(2), 124-137.

Barkan, J. D., Mattes, R., Mozaffar, S., & Smiddy, K. (2010). *O Projeto das Legislaturas Africanas: First Findings* (CSSR Working Paper No. 277). Cidade do Cabo, África do Sul: Centro de Investigação em Ciências Sociais, Unidade de Democracia em África, Universidade da Cidade do Cabo.

Celdran, D. (2002). The Philippines: SMS and Citizenship. *Journal of Development Dialogue, 1,* 91-103.

Chen, P., Gilbson, R., & Geiselhart, K. (2006). Electronic Democracy? The Impact of New Communications Techniques on Australia Democracy [O impacto das novas técnicas de comunicação na democracia australiana]. Auditoria Democrática da Austrália.

Coleman, S., & Spiller, J. (2003). Exploring New Media Effects on Representative Democracy. *The Journal of Legislative Studies, 9*(3), 1-16.

Coleman, S., Taylor, J. A., & Van De Donk, W. (1999). Parliament in the Age of the Internet. *Assuntos Parlamentares, 52*(3), 365-370.

Crawley, R. L. (1999). Always On Display: An Interpretive Exploration Of The Essence Of The African-American Male Experience At A Predominantly White University (Dissertação de doutoramento, Universidade de Ohio, 1999). *Resumos de dissertações.*

Creswell, J. W. (2007). *Qualitative Inquiry & Research Design: Choosing Among Five Approaches* (Segunda Edição ed.). Thousand Oaks, Califórnia: Sage Publications, Inc.

Dale, A., & Strauss, A. (2007, abril). *Text Messaging as a Youth Mobilization Tool: An Experiement with a Post-Treament Survey.* Trabalho apresentado na Reunião Anual da Associação de Ciência Política do Meio-Oeste, Chicago.

Davis, F. D., Bagozzi, R. P., & Warshaw, P. R. (1989). User acceptance of computer technology: A comparison of teo theoretical models. *Management Science, 25*(8), 982-1003.

Denzin, N. K. (2001). *Interpretive Interactionism: Applied Social Research Series* (Second Edition ed., Vol. 16). Thousand Oaks, Califórnia: Sage Publications, Inc.

Denzin, N. K., & Lincoln, Y. S. (Eds.). (2008). *Collecting and Interpreting Qualitative Materials* (3ª ed.). Thousand Oaks, Califórnia: Sage Publications, Inc.

Ezekwesili, O. (2009, dezembro). Infra-estruturas de África: A time for transformation. *Jornal The Guardian.*

Fitch, B., & Goldschmidt, K. (2005). *Communicating with Congress: How Capitol Hill is Coping with the Surge in Citizen Advocacy [Como o Capitólio está lidando com o aumento da defesa do cidadão].* Washington, DC: Congressional Management Foundation.

Goldschmidt, K., & Ochreiter, L. (2008). *Communicating with Congress: How the Internet Has Changed Citizen Engagement [Como a Internet Mudou o Envolvimento do Cidadão].* Washington, DC: Congressional Management Foundation.

Graff, G. M. (2008, 29 de outubro). Text The Vote. *The New York Times.* Recuperado em 15 de janeiro de 2011, do site do The New York Times: http://www.nytimes.com

Sociedade Hansard. (2008, dezembro). *Enhancing Parliament's Ability to Communicate with Members of the Public* (Briefing to the House of Lords on December 18, 2008). Londres: Hansard Society.

Hysom, T. (2008). Communicating with Congress: Recommendations for Improving Democratic Dialogue [Recomendações para melhorar o diálogo democrático]. Washington, DC: Congressional Management Foundation.

kakadadse, A., Kakadadse, N. K., & Kouszmin, A. (2003). Reinventing the Democratic Governance Project through Information Technology. *Public Administration Review, 63(1),* 44-60.

King, N., & Horrocks, C. (2010). *Interviews in Qualitative Research.* Thousand Oaks, Califórnia: SAGE Publications Ltd.

Lazer, D., Neblo, M., Esterling, K., & Goldschmidt, K. (2009). *Reuniões municipais online: Exploring Democracy in the 21st Century [Explorando a democracia no século 21].* Washington, DC: Congressional Management Foundation.

Leston-Bandeira, C. (2007). O impacto da Internet nos parlamentos: um quadro de estudos legislativos. *Assuntos Parlamentares, 60(4),* 655-674.

Lusoli, W., Ward, S., & Gibson, R. (2006). (Re)connecting Politics? Parliament, the Public and the Internet. *Assuntos Parlamentares, 59(1),* 24-42.

Lyons, C., & Lyons, T. (1999). Challenges Posed by Information and Communication for Parliamentary Democracy in South Africa (Desafios colocados pela informação e comunicação para a democracia parlamentar na África do Sul). *Parliamentary Affairs, 52*(3), 442-450.

Merriam, S. B. (2009). *Qualitative Research: A Guide to Design and Implementation* (Segunda ed.). São Francisco: Jossey-Bass - A Wiley Imprint.

Mulder, B. (1999). Parliament Futures: Re-Presenting the Issue Information, Technology and the Dynamics of Democracy. *Assuntos Parlamentares, Vol. 52*(3), 553-566.

Assembleia Nacional. (2008). Em L. Hamalai, M. Obadan, I. Habu, D. Okonnah, A. J. Ologunleko, M. O. Ojo, & M. A. Mutai (Eds.), *National Assembly Statistical Information: A Bi-Annual Publication of Library, Research & Statistics Department* (Vol. 2 No. 1). Abuja, Nigéria.

Conferência Nacional das Legislaturas Estaduais. (1997, dezembro). Legislaturas e cidadãos: Comunicação entre representantes e seus eleitores. Autor

Obijiofor, L. Inayatullah, S., & Stevenson, T. (2005, janeiro). Impact of New Information and communication Technologies (ICTs) on the Socio-Economic and Educational Development of Africa and the Asia-Pacific Region. apresentado na Terceira Conferência de Trabalho sobre Soluções de Tecnologias de Informação e Comunicação para Operações Governamentais, Administração Pública Eletrónica e Desenvolvimento Nacional, um Pré-Evento Regional Africano da WSIS PreCom, Acra, Gana.

Omar, A., Sanchez, T., & Bhutta, M. K. (2009). The Future of Text Messaging (O futuro das mensagens de texto). *Journal of Research in Business Information Systems, 2*(2), 33-41.

Centro de Pesquisa Pew. (2010, dezembro). *Politics Goes Mobile [A Política se Torna Móvel].* Washington, DC: Projeto Internet e Vida Americana do Centro de Pesquisas Pew.

Rogers, E. M. (1983). *Diffusion of Innovations* (Fourth Edition ed.). Nova Iorque: The Free Press. Uma divisão da Simon & Schuster Inc.

Schuler, I. (2008). SMS As a Tool in ELection Observation. *Inovações, primavera.*

Smith, C. F., & Gray, P. (1999). The Scottish Parliament: (Re)Shaping Parliamentary Democracy in the Information Age. *Parliamentary Affairs, 52*(3), 429-441.

Taylor, S., & Todd, P. A. (1995). Understanding Information Technology Usage: A Test of Competing Models. *Information Systems Research, 6*(2), 144-176.

Tettey, W. J. (2001). Information Technology and Democratic Participation in Africa. *Jornal de Estudos Asiáticos e Africanos, 36(1),* 133-153.

Trochim, W. M. K., & Donnelly, J. P. (2008). *The Research Methods Knowledge Base* (Terceira ed.). Mason, Ohio: Cengage Learning.

Van Manen, M. (1990). Investigação da experiência vivida: Ciência humana para uma pedagogia sensível à ação. Londres, Ontário, Canadá: SUNY.

Williamson, A. (2009). The Effect of Digital Media on MPs' Communication with Constituents [O efeito dos meios digitais na comunicação dos deputados com os eleitores]. *Assuntos Parlamentares, 62(3),* 514-527.

Printed by Books on Demand GmbH, Norderstedt / Germany